I0874967

Projektierung von Beleuchtungsanlagen

Ein Beitrag

von

P. Heyck und **P. Högner**

Ingenieure der Körting & Mathiesen-A.-G., Leutzsch bei Leipzig.

Erweiterter Sonderdruck aus der Zeitschrift für Beleuchtungswesen, Heizungs- u. Lüftungstechnik, XXV, 1919, Heft 3/4, 5/6, 9/10.

Berlin W.
Verlag von M. Krayn
1919.

Bezeichnungen.

Φ	=	Lichtstrom = $12{,}57 \cdot J_0$
$J\ J_1\ J_2$	=	Lichtstärke in HK
$J'\ J_1'\ J_2'$	=	Projektion von $J\ J_1\ J_2$ auf die Lampenachse
J_0	=	mittlere räumliche Lichtstärke, HK_0
$J_{\ominus}\ J_{\circleddash}$	=	mittlere hemisphärische Lichtstärke, $HK_{\ominus}$ $HK_{\circleddash}$
e	=	Beleuchtung in Lux
e_m	=	mittlere Beleuchtung
e_d	=	Beleuchtung durch direktes Licht
e_i	=	„ „ indirektes Licht
E	=	Beleuchtung unter der Lampe
f	=	Fläche in qm
i	=	Flächenhelle = HK pro qcm
a	=	Abstand von Lampe zu Lampe in m (Ausnahme Seite 19—22, siehe Figuren).
p	=	Lichtpunkthöhe über der Meßebene in m
h	=	Raumhöhe über der Meßebene in m
K	=	Nutzfaktor = $K_a \cdot K_r$
K_a	=	„ der Armatur
K_r	=	„ des Raumes
n	=	Verlustfaktor durch Reflexion.

Ein Beitrag zum Kapitel:

Projektierung von Beleuchtungsanlagen.

Von *P. Heyck* und *P. Högner*
Ingenieure der Körting & Mathiesen A.-G., Leutsch bei Leipzig.

Es ist keine Frage, daß durch die Einführung der lichtstarken Glühlampen die Projektierung von Beleuchtungsanlagen ein viel größeres Gebiet geworden ist und auch in weiten Kreisen ein größeres Interesse findet als früher, wo es leicht war, mit lichtschwachen Glühlampen einfach durch deren Vermehrung auch die Beleuchtung größerer Räume auszuführen. Während man früher nur wenig Glühlampengrößen hatte und sie durchweg nur als direktes Licht anwandte, hat man jetzt eine große Auswahl, von den kleinsten bis zu sehr lichtstarken Glühlampen, und neben dem direkten Licht bieten sich Varianten davon und ferner das indirekte Licht mit seinen verschiedenen Abstufungen an, dessen Anwendung wegen der stärkeren und an sich stärker blendenden Lichtquelle in den meisten Fällen nun auch geboten erscheint. Hier versagt aber die Projektierung auf Grund bloßer Erfahrung oder grober Faustregeln, man braucht Unterlagen und Ratschläge.

Wir wollen zu diesem Kapitel einen Beitrag liefern, und zwar im ersten Teil möglichst kurz, zu einer Uebersicht zusammenfassend, die zur Verfügung stehenden Mittel und die Hauptregeln für ihre Anwendung bei der Projektierung elektrischer Lichtanlagen zusammenstellen, während wir im zweiten Teil ausführlich die Erwägungen und Untersuchungen bringen, die jenen Ergebnissen zugrunde liegen.

I.

Wir behandeln nur elektrische Beleuchtung und scheiden die Kleinarbeitsplatz-Beleuchtung durch Tischlampen usw. aus, behandeln also nur Allgemeinbeleuchtung.

Zunächst einen Blick auf die nach ihrer Lichtausstrahlung charakteristisch verschiedenen Arten von Lampen (Armaturen für Halbwattlampen), die zur Verfügung stehen:

Figur 1 zeigt eine Schar von Lichtausstrahlungskurven. Kurve O ist die Lichtausstrahlungskurve einer nackten gasgefüllten Lampe für 500 Watt, und die Kurven 1—7 zeigen

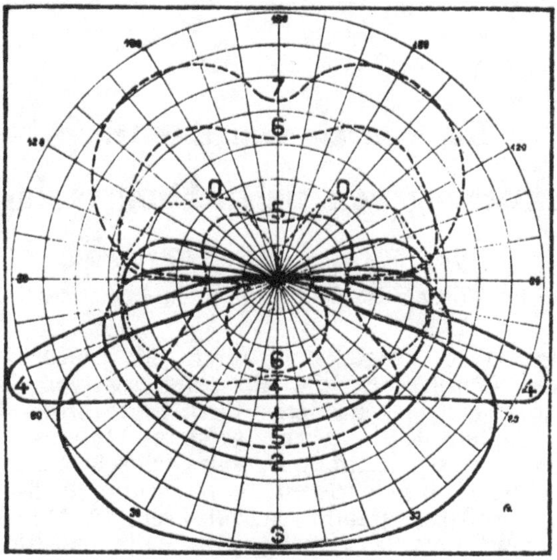

Fig. 1.

Lichtausstrahlungskurven von Armaturen f. Halbwattlampen 500 Watt.

die Lichtausstrahlungskurven dieser 500 Watt-Lampe, eingebaut in die verschiedenen Armaturen für:

1. Vorwiegend direktes Licht,
2. Direktes Licht,
3. Direktes Licht, tiefstrahlend,
4. Direktes Licht, breitstrahlend,

1. Vorwiegend direktes Licht.

2. Direktes Licht.

3. Direktes Licht, tiefstrahlend.

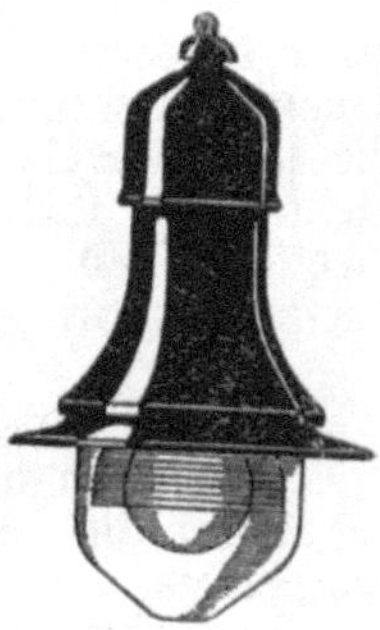

4. Direktes Licht, breitstrahlend.

5. Diffuses Licht, vorwiegend tiefstrahlend,
6. Halbindirektes Licht,
7. Ganzindirektes Licht.

5. Diffuses Licht, vorwiegend tiefstrahlend.

6. Halbindirektes Licht.

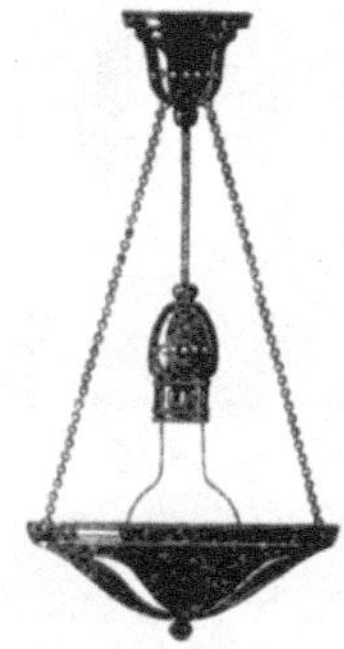

7. Ganzindirektes Licht.

Die Figuren 2—8 zeigen der besseren Klarheit wegen die einzelnen Kurven, alle im gleichen Maßstab und für 500 Watt herausgezeichnet, und in den Unterschriften ist das notwendigste über Wesen und Anwendung gesagt worden.

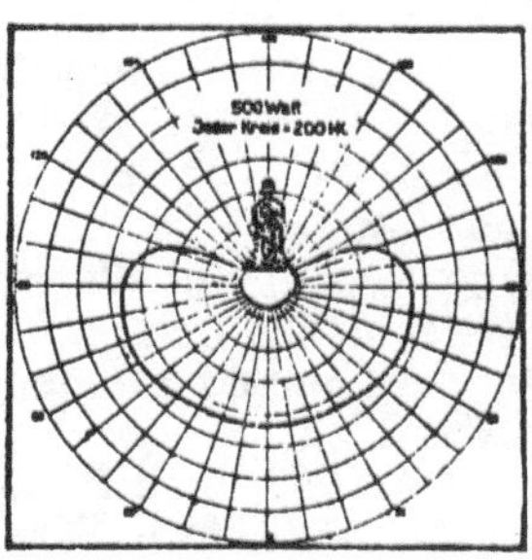

Fig. 2.

I. Vorwiegend direktes Licht.

Anwendung:

Innenräume, wo auch Decke und Wände beleuchtet werden sollen. Außenbeleuchtung, wo neben dem Boden auch Wände über der Lampe beleuchtet werden sollen.

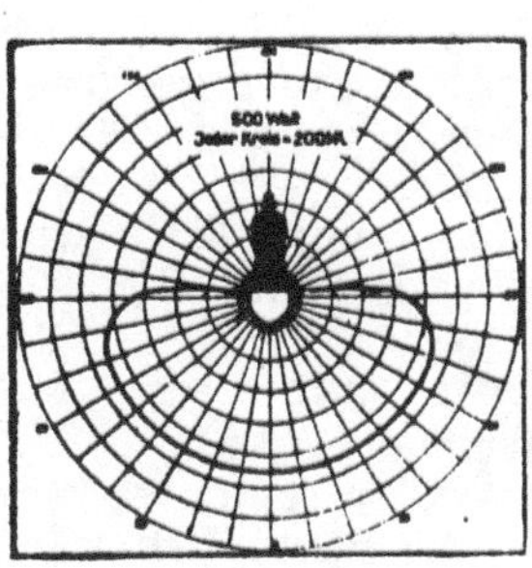

Fig. 3.

II. Direktes Licht.

Anwendung:

Außenbeleuchtung.

Innenräume, wo Boden und Wände, aber nicht die Decke beleuchtet werden sollen.

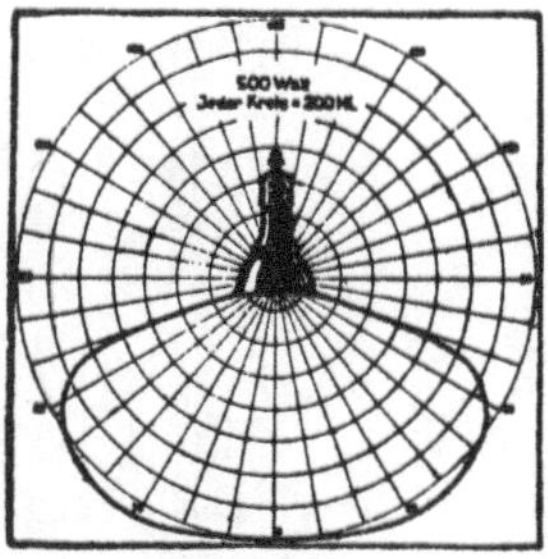

Fig. 4.

III. Direktes Licht, tiefstrahlend.

Anwendung:

Außenbeleuchtung.

Bauten in Eisenkonstruktion, wo keine beleuchtungsfähigen Decken und Wandflächen vorhanden sind. Der obere Teil des Raumes ist dunkel, alles Licht wird für Bodenbeleuchtung nutzbar gemacht. Häfen, Schiffshellinge, Krane; Montagehallen, große Werkstätten; Sonderzwecke.

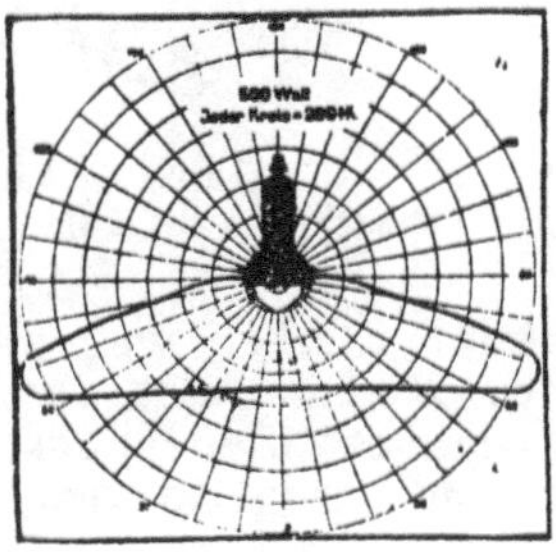

Fig. 5.

IV. Direktes Licht, breitstrahlend.

Anwendung:

Außenbeleuchtung, wo es gilt, große Flächen mit wenigen Lampen gleichmäßig zu beleuchten. Kein Lichtfleck unter der Lampe! Straßenbeleuchtung, Gleisbeleuchtung.

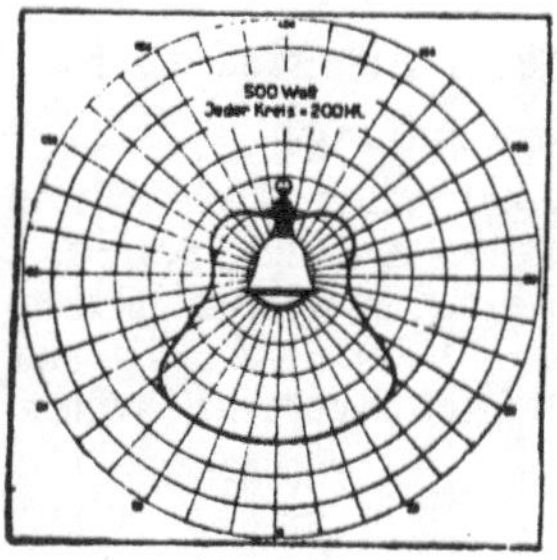

Fig. 6.

V. Diffuses Licht, vorwiegend tiefstrahlend.

Das Licht wird unter starker Streuung nach allen Seiten, in der Hauptsache nach unten breit verteilt.

Anwendung:

Innenbeleuchtung; Decke und Wände sind nahezu gleichmäßig beleuchtet, die Fläche unter der Lampe besonders gut durch direktes Licht. Vortrefflicher Lichteffekt ohne Blendung. Läden, Schaufenster, Säle.

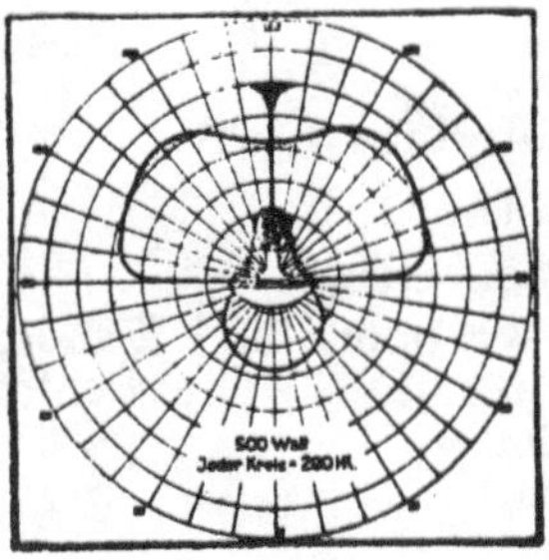

Fig. 7.

VI. Halbindirektes Licht,

Der Hauptteil des Lichtes wird in den oberen Halbraum geworfen und von Raumdecke und Wandfries zurückgestrahlt.

Keine Blendung, milde Schatten; wenig Richtungssinn der Beleuchtung.

Anwendung:

Räume mit weißer Decke. Büros aller Art, Werkstätten für alle feineren Arbeiten, Schulsäle, Zeichensäle.

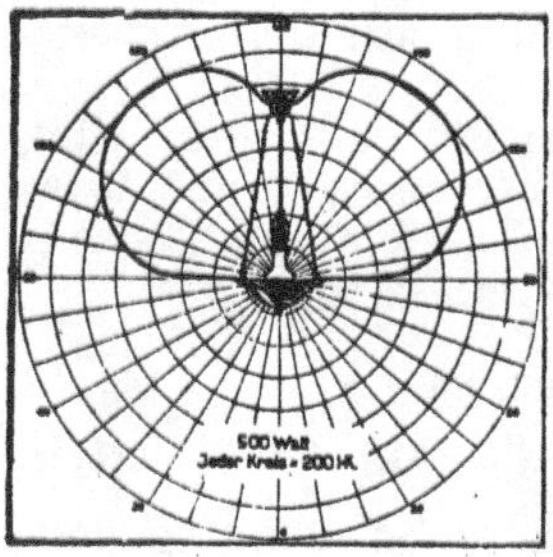

Fig. 8.

VII. Ganzindirektes Licht,

Alles Licht wird in den oberen Halbraum geworfen.

Hygienisch vollkommene Beleuchtung ohne jede Blendung, ohne Schlagschatten und fast ohne Richtungssinn.

Anwendung:

Räume mit weißer Decke. Schulzimmer, Zeichensäle, Ausstellungsräume, Lesezimmer und Büros, wo jede Spiegelung des Lichtes durch Glas oder glattes Papier oder falscher Richtungssinn der Beleuchtung stören würde und wo es auf einen Lichteffekt nicht abgesehen ist.

Diese Aufstellung macht keinen Anspruch auf Vollständigkeit, sie bringt lediglich eine Anzahl in ihrer Lichtausstrahlungskurve typischer Lampen für Allgemeinbeleuchtung. Der Kronleuchter ist nicht genannt worden, ebenso nicht die anderen Vereinigungen vieler lichtschwacher Glühlampen zu einem gemeinsamen starken Lichtstrom, weil diese Beleuchtungsarten heute nur noch für dekorative Zwecke in Frage kommen, hingegen dort ausscheiden, wo lichttechnische und wirtschaftliche Ueberlegungen für die Wahl der Beleuchtungsart ausschlaggebend sind.

Der Nutzeffekt aller genannten Armaturen für Halbwattlampen — jede an der richtigen Stelle angewendet — ist etwa gleich, abgesehen vom ganzindirekten Licht, das etwa 25% mehr Strom verbraucht.

Insonderheit ist hervorzuheben, daß das diffuse, vorwiegend tiefstrahlende Licht (V) und das halbindirekte Licht (VI) in geeigneten Räumen nicht teurer ist als das direkte Licht. Diese edleren Beleuchtungsarten sollten daher in erster Linie angewendet werden. —

Nach dieser Uebersicht über die zur Verfügung stehenden Lampengattungen kurz die Fragen, die man sich u. E. bei der Projektierung vorlegen muß.

1. Allgemeines.

Maßgebend für die Beurteilung einer Beleuchtung ist die Bodenbeleuchtung, gemessen 1 m über dem Fußboden. Diese Beleuchtung ist in der Regel unter der Lampe am größten und nimmt nach den Seiten hin ab.

Durch Allgemeinbeleuchtung soll meistens der Raum im ganzen gleichmäßig beleuchtet werden; dann verteilt man die Lampen gleichmäßig über den Raum; maßgebend ist die „mittlere Bodenbeleuchtung“.

Sollen durch die Allgemeinbeleuchtung in erster Linie Arbeitsplätze beleuchtet werden, so verteilt man die Lampen nach den Arbeitsplätzen; maßgebend ist dann neben der „mittleren Beleuchtung“ die Beleuchtung auf den Arbeitsplätzen.

Indessen: Räume, die oben nicht beleuchtet sind, wirken gedrückt und unfreundlich. Wo also darauf Wert gelegt wird, daß ein Raum stattlich und freundlich erscheint, beleuchte mach auch Decke und Wände.

2. Die erforderliche Beleuchtungsstärke.

Einen Anhalt gibt folgende Tabelle von Mittelwerten:

Lux-Tabelle

Man braucht:	eine mittlere Beleuchtung von:
für Treppen und Gänge . . .	etwa 10 Lux
„ grobe Arbeit	„ 30 „
„ normale Arbeit und zum Lesen	„ 50 „
„ Schreibarbeit	„ 70 „
„ feine Arbeit	„ 90 „
zum Zirkelzeichnen	„ 120 „
für feinste Arbeit und Arbeit an dunklen Stoffen . .	„ 150 „

3. Viele kleine Lampen oder wenige große Lampen?

Bis 60 Watt brauchen Glühlampen etwa 1—1,6 Watt/HK_0; von 150 Watt an aufwärts etwa 0,8—0,6 Watt/HK_0. Große Glühlampen brauchen also etwa nur halb soviel Strom pro Kerze wie kleine.

Da auch die Lichtanlage, die Bedienung und die Instandhaltung um so einfacher und billiger ist, je weniger Lampen aufgehängt sind, so folgt:

Man verwende im allgemeinen für einen Raum nicht mehr Lampen, als mit Rücksicht auf Anpassungsfähigkeit, auf Gleichmäßigkeit und richtigen Richtungssinn der Beleuchtung erforderlich sind.

4. Lichtpunkthöhe.

Bekannt ist, daß bei punktförmiger Lichtquelle die Beleuchtungsstärke auf einer Fläche mit dem Quadrate des zunehmenden Abstandes dieser Fläche von der Lichtquelle abnimmt.

Bei Platzbeleuchtung, wo mit einer Lampe ein beschränkter Arbeitsplatz beleuchtet werden soll, ist dieses Gesetz das maßgebende. Hier nähere man die Lichtquelle dem Arbeitsplatze soweit als tunlich, man gewinnt dadurch wesentlich an Beleuchtungsstärke.

Bei Raumbeleuchtung, Allgemeinbeleuchtung, kommt es in erster Linie auf die mittlere Bodenbeleuchtung im Raum an. Diese aber nimmt nicht mit dem Quadrate der zunehmenden Lichtpunkthöhe ab, sondern ändert sich nur wenig mit der Lichtpunkthöhe, und ist in Räumen, wo Decke und Wände mit zur Beleuchtung herangezogen werden, von der Lichtpunkthöhe praktisch fast unabhängig.

Man kann also die Lichtpunkthöhe unbeschadet der Lichtausbeute frei nach praktischen und ästethischen Erwägungen bestimmen.

Bei direktem Licht wirken im allgemeinen hoch aufgehängte Lampen besser als niedrig aufgehängte.

Bei indirektem Licht empfiehlt es sich, die Lampen in solchem Abstand von der Decke aufzuhängen, daß die Decke möglichst gleichmäßig und der weiße Wandfries voll beleuchtet wird.

5. Lampenabstand und Gleichförmigkeit der Beleuchtung.

Je kleiner der Abstand der Lampen untereinander, desto gleichmäßiger ist die Beleuchtung. Wählt man den Lampenabstand (von Lampe zu Lampe)

$$a = 1{,}5\text{—}2{,}5 \cdot p,$$

d. h. 1,5 bis 2,5 mal so groß, als die Lichtpunkthöhe über der Meßebene, so ist bei $a = 1{,}5 \cdot p$ die Beleuchtung unter und zwischen den Lampen ganz gleichmäßig, bei $a = 2{,}5 \cdot p$ zwischen den Lampen etwa halb so groß als unter den Lampen. Im allgemeinen empfiehlt es sich, bei Innenbeleuchtung in diesen Grenzen zu bleiben.

Maßgebend für die Lampenverteilung ist der Grundriß, die Bauart der Decke, insonderheit die Unterzüge und deren Schattenbildung (oft kann man in jedes Deckenfeld eine Lampe hängen, oft hängt man die Lampen besser an die Unterzüge), und die Lage der Arbeitsplätze. Durch die Lampenverteilung erhält man die Lampenzahl für einen Raum und so die pro Lampe entfallende Bodenfläche.

6. Glühlampentabelle.

Die Vereinigung der Elektrizitätswerke hat 1917 umstehende Tabelle (Seite 8) über Wolfram-Glühlampen aufgestellt[2]).

7. Erforderliche Lichtstärke.

Die mittlere Beleuchtung eines Raumes ist gleich dem in den Raum gestrahlten Lichtstrom, multipliziert mit einem Nutzfaktor, dividiert durch die Bodenfläche des Raumes (qm)[1]).

Der Nutzfaktor ist abhängig von der Art des Raumes und der Lampe.

---

1) Högner, Lichtstrahlung und Beleuchtung, 1906, Seite 48.
2) Mitteilungen der V. d. E. W., 1917, Seite 378.

Glühlampentabelle

Watt	Mittlere räumliche Lichtstärke (HKo) Vakuum-Lampen 110 Volt	220 Volt	Gasgefüllte Lampen 110 Volt	220 Volt	Lichtstrom (Lumen) der Gasgefüllten Lampen 110 Volt	220 Volt
10	6	—				
20	15	12				
25	19	16				
40	32	27	37		460	
60	48	44	62		775	
75	—	—	82	68	1 020	850
100	80	74	120	100	1 500	1 250
150			200	170	2 500	2 120
200			275	250	3 450	3 140
300			450	400	5 600	5 000
500			800	750	10 000	9 400
750			1200	1150	15 000	14 400
1000			1650	1550	20 600	19 300
1500			2600	2400	32 500	30 000

a) In Räumen mit weißer Decke und hellfarbigen Wänden, bei Verwendung von Armaturen für Halbwattlampen gemäß den Kurven Seite 4 für vorwiegend direktes Licht (I), für diffuses, vorwiegend tiefstrahlendes Licht (V) und für halbindirektes Licht (VI) ist der Nutzfaktor im Mittel = 0,44. Bei ganzindirektem Licht (VII) = 0,75 . 0,44.

In Räumen, in denen die Reflexion von Decke und Wänden durch Transmissionen usw. oder durch Verschmutzung gestört wird, ist der Nutzfaktor je nach Stärke dieses Einflusses mit 0,9 bis 0,7 zu multiplizieren.

Lichtstromformel

Also:

$$\Phi = \frac{e_m \cdot f}{K} \quad (1)$$

Φ = Lichtstrom pro nackte Lampe.
f = Bodenfläche pro Lampe.
e_m = mittlere Bodenbeleuchtung.
K = 0,44 bei direktem und halbindirektem Licht.
= 0,75 · 0,44 bei ganzindirektem Licht.
= 0,9 ÷ 0,7 · 0,44 in Werkstätten.

Hat man so den erforderlichen Lichtstrom der nackten Glühlampe gefunden, so gibt die Glühlampentabelle die Wattstärke der Glühlampe an.

Rechnen wir die Lichtstromformel für 10 Watt pro Quadratmeter Bodenfläche pro Lampe und für Lampen von 200—300 Watt aus, so finden wir die Regel:

10 Watt pro qm Bodenfläche pro Lampe geben 80/70 Lux mittlere Beleuchtung. **Wattregel**

80 Lux bei 110 Volt-Lampen, 70 Lux bei 220 Volt-Lampen;
in Werkstätten usw. nur 0,9—0,7 davon;
bei ganzindirektem Licht nur 0,75 davon.

Diese Regel kann für Lampen von 150—500 Watt benutzt werden. In diesen Grenzen kann man ohne großen Fehler rechnen:

„Lux proportional den Watt".

Man rechnet dabei für 150 Watt-Lampen etwa 10 % zu günstig, bei 500 Watt-Lampen etwa ebensoviel zu ungünstig. Man braucht aber für diese Rechnung keine Tabelle und keine großen Zahlen, sondern kann sie jederzeit bequem und sicher im Kopfe machen.

Beispiel:

Ein Büro mit weißer Decke, 5 · 5 m soll halbindirekt mit etwa 50 Lux im Mittel durch 1 Lampe beleuchtet werden.
25 qm; eine Lampe halbindirekt; 110 Volt.

10 Watt pro qm =	250 Watt geben	80 Lux	Lux proportional den Watt gerechnet
also eine	300 Watt-Lampe ca.	96 Lux	
„ „	200 „ „ „	64 Lux	
„ „	150 „ „ „	48/44 Lux	

Für Lampen unter 150 Watt darf man nicht mehr „Lux proportional den Watt" rechnen, sondern muß die Watt-Lux-Tabelle (Seite 43) benutzen.

b) In Räumen, deren Decke und Wände für Lichtreflexion nicht geeignet sind, wo man also nur direktes Licht anwendet, spielt die Aufhängehöhe und Lampenverteilung eine zu große Rolle, als daß man nach dieser einfachen Formel sicher rechnen könnte.

Ebenso steht es bei Beleuchtung von Räumen mit oder ohne weiße Decke, in denen die Lampen nicht gleichmäßig, sondern z. B. nach den Arbeitsplätzen verteilt sind. Auch da kommt man mit jener Regel nicht aus, insonderheit bei einseitiger Anordnung der Lampen, beispielsweise über Werkbänken, die längs der Fensterwand stehen.

Ferner gibt die Formel natürlich in keinem Fall Aufschluß über die Beleuchtung an irgendwelchen Punkten des Raumes.

Für diese Fälle gibt die Beleuchtung E unter der Lampe, die durch eine Lampe bei einer gewissen Aufhängehöhe erzielt wird, und der Abfall der Beleuchtung nach den Seiten hin einen außerordentlich wertvollen Anhalt.

Für die Beleuchtung E unter der Lampe geben wir folgende Formeln:

Beleuchtung E unter der Lampe.

(2)

Innenbeleuchtung, Decke weiß:

I. Vorwiegend direktes Licht, Opalglocke . $E = J_0 \left(\frac{0.48}{h^2} + \frac{1.02}{p^2}\right)$

V. Diffuses, vorwiegend tiefstrahlendes Licht $E = J_0 \left(\frac{0.59}{h^2} + \frac{1.25}{p^2}\right)$

VI. Halbindirektes Licht . . . . $E = J_0 \left(\frac{1.23}{h^2} + \frac{0.7}{p^2}\right)$

VII. Ganzindirektes Licht . . . . $E = J_0 \cdot \frac{1.45}{h^2}$

Außenbeleuchtung, Innenbeleuchtung, Decke nicht weiß:

II. Direktes Licht, Klarglasglocke . . . . $E = J_0 \cdot \frac{1.38}{p^2}$

II. „ „ Opalglocke . . . . $E = J_0 \cdot \frac{1.06}{p^2}$

III. „ „ tiefstrahlend . . . . $E = J_0 \cdot \frac{2.05}{p^2}$

IV. „ „ breitstrahlend . . . . $E = J_0 \cdot \frac{1.02}{p^2}$

J_0 = Sphärische Lichtstärke der nackten Glühlampe.
p = Lichtpunkthöhe über der Meßebene in m.
h = Raumhöhe „ „ „ „ „

Diese Formeln, ausgerechnet (bei Innenbeleuchtung für einen Abstand von 75 cm zwischen Decke und Lampe) geben die Tabellen 1 a und 2 a.

Tabelle 1 a gibt für Räume mit weißer Decke die Beleuchtung unter der Lampe, die eine Lampe à 200 Watt, 110 Volt gibt; Tabelle 1 b gibt dazu den Zuwachs zu dieser Beleuchtung durch Nachbarlampen in gewissen Abständen in Prozenten an. Ebenso Tabelle 2 a und 2 b für Räume mit dunkler Decke, wo wir eine Lampe à 500 Watt, 110 Volt zugrunde gelegt haben.

Für Lampen anderer Wattzahl ist die Beleuchtung proportional den Lichtströmen der nackten Glühlampen oder bei Glühlampen über 150 Watt angenähert proportional den Watt.

Beleuchtung E unter der Lampe.

Innenbeleuchtung, Decke weiß, 75 cm über dem Lichtpunkt: 1 Lampe à 200 Watt, 110 Volt gibt eine Beleuchtung unter der Lampe, ohne Nachbarlampen:

Tabelle 1a.

Lichtpunkthöhe p über der Meßebene	m	1.25	1.50	1.75	2.00	2.25	2.50	2.75	3.00	3.50	4.00	4.50
I. Vorwieg. direkt. L. Opalgl.	Lux	215	150	115	90	70	57	50	40	33	25	20
V. Diffuses, vorwieg. tiefstrahl. Licht	Lux	260	185	140	107	86	70	59	50	40	28	22
VI. Halbindirekt. Licht	Lux	210	155	116	95	75	60	55	46	38	30	22
Raumhöhe[3])	m	2.00	2.25	2.50	2.75	3.00	3.25	3.50	3.75	4.25	4.75	5.25
VII. Ganzindirekt. L.	Lux	100	80	65	55	48	38	33	29	22	18	15

Für andere Lampen: „Lux prop. dem Lichtstrom" der nackten Lampe.

Der Zuwachs an Beleuchtung in % von E durch jede Nachbarlampe ist:

Tabelle 1b.

Bei einem Abstand 0 bis $2^1/_2 \cdot p$[4])		0	$^1/_2$	$^3/_4$	1	$1^1/_4$	$1^1/_2$	$1^3/_4$	2	$2^1/_2$
Bei I.	%	100	70	53	40	29	21	16	12	8
„ V.	%	100	76	58	42	30	20	15	11	7
„ VI.	%	100	77	59	45	35	27	21	17	12
„ VII.[4]) . . .	%	100	80	61	46	34	25	19	15	9

Beleuchtung E unter der Lampe.

Außenbeleuchtung, Innenbeleuchtung, Decke nicht weiß: 1 Lampe à 500 Watt, 110 Volt gibt eine Beleuchtung unter der Lampe, ohne Nachbarlampen:

Tabelle 2a.

Lichtpunkthöhe p über der Meßebene	m	2	2.5	3	3.5	4	4.5	5	6	7	8	10
II. Direkt. Licht Klarglasl.	Lux	275	180	120	90	70	55	44	30	22	17	11
II. Direkt. Licht Opalglocke	Lux	210	135	95	70	53	42	34	24	17	13	8.5
III. Direkt. Licht tiefstrahlend	Lux	400	260	180	130	100	80	64	45	33	25	16
IV. Direkt. Licht breitstrahl.	Lux	200	130	90	70	50	40	33	23	17	13	8

[3]) Bei ganzindirektem Licht ist die Raumhöhe über der Meßebene maßgebend.

[4]) Bei VII ist p = Raumhöhe über der Meßebene.

Der Zuwachs an Beleuchtung in % von E durch jede Nachbarlampe ist:

Tabelle 2b.

Bei einem Abstand von 0 bis 4 · p	0	$^1/_2$	$^3/_4$	1	$1^1/_4$	$1^1/_2$	$1^3/_4$	2	$2^1/_2$	3	4
Bei II. . . . %	100	72	51	35	24	17	12	9	5	3	1.4
„ III. . . . %	100	74	53	36	24	16	11	6	2	1	—
„ IV. . . . %	100	74	58	44	35	28	23	18	11	6	2

Für andere Lampen: „Lux prop. dem Lichtstrom" der nackten Lampe.

Diese Tabellen geben nun nahezu über jeden Beleuchtungsfall Aufschluß. Man erhält die Beleuchtung unter der Lampe von einer Lampe her, dazu den Zuwachs durch die Nachbarlampen, also die wahre Beleuchtung unter jeder Lampe.

Ferner erfährt man durch die Tabellen 1b und 2b, wie die von einer Lampe herrührende Beleuchtung nach allen Seiten hin abfällt, und kann daraus für jeden Punkt im Raume, der interessiert, die Bodenbeleuchtung feststellen, und zwar leicht und sicher, ohne umständliche Rechnung. Man kann sich auf diese Weise schnell ein vollständiges Bild von der erzielten Beleuchtung im Raum, sozusagen von dem „Luxberg" machen, den man bei graphischer Darstellung der Beleuchtung erhalten würde.

Das ist aber von ganz außerordentlichem Wert und gibt der Projektierung eine Sicherheit und Anschaulichkeit, die die Lichtstrommethode nicht gibt, und die bisher, soweit wir wissen, für Außenbeleuchtung nur durch längere Rechnungen, für Innenbeleuchtung überhaupt nicht zu erhalten war.

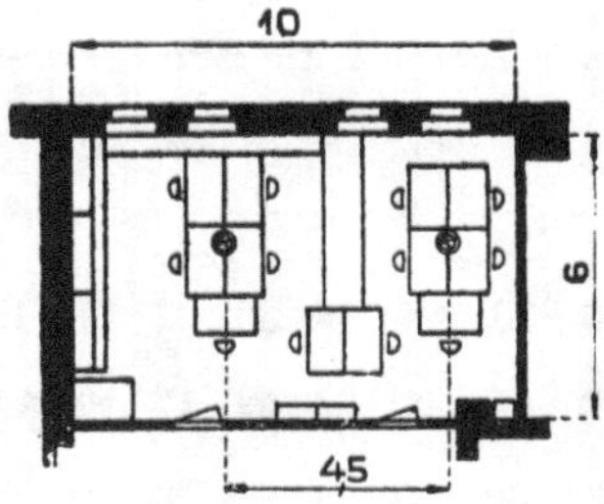

8. Beispiele.

a) Ein Büro von 6 · 10 m = 60 qm; Raumhöhe = 3,50 m; weiße, glatte Decke, graue Wände, nach nebenstehendem Grundriß, soll gleichmäßig beleuchtet werden. 110 Volt. In erster Linie wird auf gute Beleuchtung der Schreibpulte Wert gelegt.

Die Armaturen haben im Mittel eine Länge von 75 cm. Bei einer Raumhöhe von 3,50 m kann die Lichtpunkthöhe also maximal 2,75 m über Fußboden, also 1,75 m über der Meßebene betragen

p = bis 1,75 m.

Daraus der zulässige Lampenabstand:

$$a = 1{,}5 \text{ bis } 2{,}5 \cdot p = 2{,}6 \text{ bis } 4{,}4 \text{ m}.$$

Die Pultgruppen sind von Mitte zu Mitte 4,5 m voneinander entfernt. Man wird über jede Pultgruppe eine Lampe hängen, so daß auf die Pulte reichlich Licht in richtiger Richtung fällt, und erkennt nun, daß man mit diesen beiden Lampen auskommt, um das ganze Büro gleichmäßig genug (E : e = 2 : 1) zu beleuchten. Also: 2 Lampen; also 30 qm pro Lampe.

Nach der Wattregel (Seite 11) geben 10 Watt pro qm etwa 80 Lux,

also 300 Watt etwa 80 Lux mittlere Beleuchtung
„ 200 „ „ 53 „ „ „
„ 150 „ „ 40/36 „ „ „

Da überall im Büro auf 12 Plätzen Schreibarbeit getan werden soll, so wird man zwei 200-Watt-Lampen wählen in Armaturen für halbindirektes Licht (VI). Diese wird man so hoch wie möglich über den Hauptpultgruppen aufhängen. Wir haben dann eine mittlere Beleuchtung von etwa 53 Lux.

Will man noch feststellen, wie groß die Beleuchtung unter den Lampen auf den Pulten ist, so gehen wir in die Tabelle 1a:

Eine 200-Watt-Lampe gibt bei p = 1,75 und halbindirektem Licht unter der Lampe etwa 116 Lux; das ist die Beleuchtung auf den Pulten.

Dazu kommt von der anderen Lampe im Abstand a = 2,5 p etwa 12%, also noch 14 Lux hinzu, soweit deren Wirkung nicht durch Körperschatten verhindert wird.

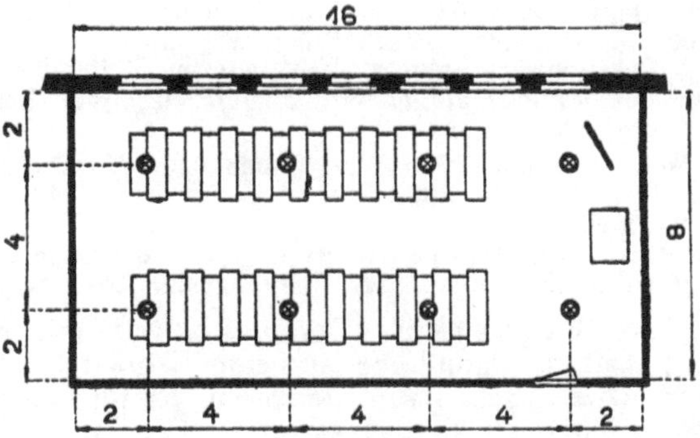

b) Ein Schulsaal von 8 · 16 = 128 qm; Raumhöhe = 4,50 m, weiße Decke, helle Wände, nach untenstehendem Grundriß, soll beleuchtet werden, und zwar mit halbindirektem, eventuell mit ganzindirektem Licht. 220 Volt. Die Raumhöhe von 4,50 m gestattet eine Lichtpunkthöhe bis

3,75 m über Fußboden, also

p = bis 2,75 m

Lampenabstand a = 1,5 bis 2,5 · p = 4,10 bis 6,90 m.

Wir werden über jede Bankreihe eine Reihe Lampen hängen. Das ergibt quer einen Lampenabstand von 4 m. Mit Rücksicht auf gleichmäßige quadratische Lampenteilung werden wir auch in der Längsrichtung a = 4 wählen, und erhalten dann 8 Lampen. Dabei werden wir eine sehr gleichmäßige Beleuchtung (E : e = 1 : 1) haben.

Wir wählen etwa 50 Lux mittlere Beleuchtung. Halbindirektes Licht. 128 qm : 8 = 16 qm pro Lampe. Nach der Lichtstromformel 1 (Seite 10):

$$\text{Lichtstrom} = \frac{\text{Lux} \cdot \text{qm}}{0{,}44} = \frac{50 \cdot 16}{0{,}44} = 1820 \text{ Lumen.}$$

Aus der Glühlampentabelle (Seite 10) lesen wir ab:

Eine 100-Watt-Lampe für 220 Volt hat einen Lichtstrom von 1250 Lumen,

eine 150-Watt-Lampe für 220 Volt hat einen Lichtstrom von 2120 Lumen.

„Lux proportional den Lumen“ gibt

bei 100-Watt-Lampen 34 Lux
„ 150- „ „ 58 „

Wir wählen 8 Lampen à 150 Watt. 58 Lux. Bei einer Lichtpunkthöhe von 3,75 m über Fußboden haben wir eine sehr gleichmäßige Beleuchtung und bei der Anordnung von 8 Lampen über den Bankreihen guten Richtungssinn des Lichtes und keine starke Beschattung der Pulte durch die Körper der Schüler.

Bei ganzindirekter Beleuchtung würden wir bei 150-Watt-Lampen 0,75 · 58 = 43 Lux haben. Auch das würde ausreichen, da fast jede Beschattung wegfällt.

NB. Bei ganz indirektem Licht würden 4 Lampen, in der Mittellinie des Raumes aufgehängt, ausreichen. Jede Lampe 300 Watt. 32 qm pro Lampe.

10 Watt pro qm = 320 Watt geben 0,75 · 70 = 52 Lux
300 „ „ = 49 „

also 6 Lux mehr als oben.

Besser ist trotzdem die Anordnung von 8 Lampen, die Beleuchtung ist gleichmäßiger, der Richtungssinn besser.

c) Eine Werkstatt. Der gleiche Saal von 8 · 16 m, aber mit 3,50 m Raumhöhe sei eine Werkstatt mit quer gestellten Arbeitstischen für Kleinmontage, und dazwischen Arbeitsmaschinen an Transmissionen. Die Decke ist weiß und für halbindirektes Licht geeignet.

3,50 — 1,00 — 0,75 ergibt p maximal = 1,75 m

Lampenabstand a = 1,5 bis 2,5 · p = 2,60 bis 4,40 m.

Wir wählen wieder 8 Lampen; a = 4 m, also E : e = 2 : 1, und haben also 16 qm pro Lampe. 220 Volt.

Nach der Wattregel für Werkstätten (Seite 8, wir wählen den Faktor = 0,8) geben 10 Watt pro qm,

also 160 Watt = 0,8 · 70 = 56 Lux
„ 150 „ = 52 „

also 8 Lampen à 150 Watt, halbindirekt, 52 Lux mittlere Beleuchtung.

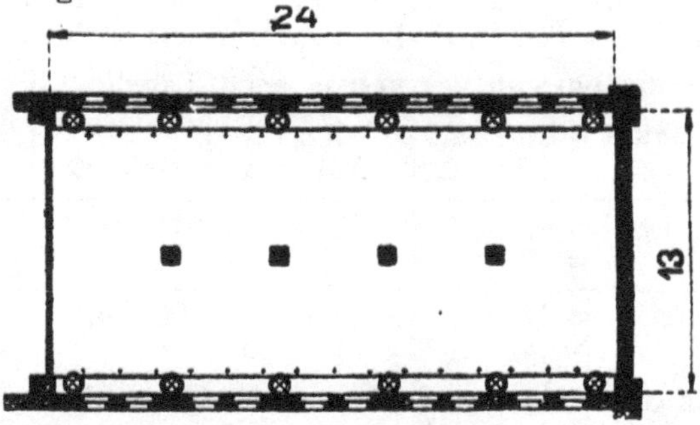

d) Ein Fabriksaal von 13 · 24 = 312 qm; Raumhöhe = 3,50 m, soll als Montageraum eingerichtet werden. Decke und Wände sind geweißt. Besonders gut sollen die längs der Fensterwände aufgestellten Werkbänke beleuchtet werden. Der Raum zwischen diesen und der Saalmitte dient Montagearbeiten. 220 Volt.

Wir hängen über den Werkbänken je eine Reihe Lampen auf, dann haben wir auf den Werkbänken gutes Licht, und im Saal den gleichen Richtungssinn des Lichtes wie am Tage.

Wir wählen Armaturen für diffuses, vorwiegend tiefstrahlendes Licht (V) oder solche für vorwiegend direktes Licht (I).

Raumhöhe = 3,50 m. Lichtpunkthöhe über dem Fußboden also bis zu 2,75 m, p bis 1,75 m.

Lampenabstand a = 1,5 bis 2,5 p = 2,60 bis 4,40 m.

Nach der Fensterteilung wählen wir 6 Lampen pro Werkbank, a = 4,20 m. Die Lichtpunkthöhe wählen wir zu 2,75 über dem Fußboden, also p = 1,75 also a = 4,20 = 2,4 · p, also E : e = 2 : 1.

Wir haben also zwischen den Lampen halb soviel Beleuchtung wie unter den Lampen.

Unter der Lampe erhalten wir (nach Tabelle 1a, von deren Werten wegen der Spannung von 220 Volt 9% abgezogen sind) bei p = 1,75 m, bei vorwiegend direktem Licht (I)

für 200 Watt: 104 Lux + 2 · 8%[5]) = 104 + 16 = 120 Lux
„ 150 „ } proportional dem Lichtstrom { = 82 „
„ 100 „ } proportional dem Lichtstrom { = 48 „

5) Aus Tabelle 1b; a = 2,4 p.

bei diffusem, vorwiegend tiefstrahlendem Licht (V)

200 Watt = 127 Lux + 2 · 7%[5]) = 127 + 18 = 145 Lux
also 150 „ . . . . = 100 „
„ 100 „ . . . . = 58 „

Bei 150-Watt-Lampen würden wir auf der Werkbank unter den Lampen je nach Lampenart I/V = 82/100, zwischen den Lampen (da E : e = 2 : 1), also 41/50 Lux haben.

Im Raum würden wir haben, nach Tabelle 1 b:

im Abstand a =	p	1,5 p	2 p	
=	1,75	2,60	3,50 m	von der Lampenreihe
bei I =	40%	21%	12%	von 82 Lux
=	33	17	9	Lux
bei V =	42%	20%	11%	von 100 Lux
=	42	20	11	Lux.

Wenn das nicht ausreicht, muß im Raum durch weitere Lampen oder durch Handlampen für ausreichende Beleuchtung für die Montage gesorgt werden.

e) Eine große Gießereihalle in Eisenkonstruktion, mit Oberlicht, 13,5 . 70 = 945 qm, soll gleichmäßig beleuchtet werden, 110 Volt. Mit Rücksicht auf den Laufkran muß die Lichtpunkthöhe mindestens 11 m über Fußboden betragen. p maximal = 10 m; zulässiger Lampenabstand 1,5 bis 2,5 p = 15 bis 25 m.

Ein so großer Lampenabstand wäre unpraktisch, da die Halle nur 13,5 m breit ist. Wir werden die Halle etwa in Quadrate einteilen und in jedes Quadrat eine Lampe hängen. Das gibt 5 Lampen a = 14 = 1,4 p, also E : e = 1 : 1.

Für p = 10 lesen wir ab aus Tabelle 2a: bei 500 Watt, bei direktem Licht mit Klarglasglocke (II):

E = 11 + 2 · 18%[6]) Zuschlag = 11 + 4 = 15 Lux,

bei direktem, tiefstrahlendem Licht (III) hingegen:

E = 16 + 2 · 18%[6]) = 16 + 6 = 22 Lux.

Da es nutzlos ist, die Halle oben zu beleuchten (II), wählen wir Tiefstrahler (III).

E = 22 Lux bei 500 Watt, also 44 Lux bei 1000 Watt.

Zwischen den Lampen haben wir, da E : e = 1 : 1, auch 44 Lux, und an den Längswänden haben wir (Abstand = 6,5 m = 0,65 p) [Tabelle 2b] etwa ⅔ E, also etwa 29 Lux. Bei Lampen à 1500 Watt haben wir in der Mitte der Halle etwa 66 und am Rande 43 Lux. Gute Beleuchtung.

---

5) Aus Tabelle 1b; a = 2,4 p.
6) Aus Tabelle 2b; a = 1,4 p.

II.

Die Erwägungen und Untersuchungen, die diesen Ergebnissen zugrunde liegen.

1. Das Entfernungsgesetz.

a) Innerhalb welcher Grenzen darf eine körperliche Lichtquelle als punktförmiger Lichtquellpunkt angesehen werden?

Bei einer punktförmigen Lichtquelle gilt für die Normalbeleuchtung auf einem ebenen Flächenelement die Beziehung $e = \frac{J}{a^2}$ (Figur 9).

Der Abstand a des Flächenelementes vom Lichtquellpunkt kann jede Größe, also auch die Größe Null, annehmen. In diesem Falle liefert diese Beziehung für e den Wert ∞. Nun gibt es aber in der Natur keine punktförmige Lichtquelle, denn alles, was leuchtet, hat endliche Abmessungen, und insbesondere in der Beleuchtungs-

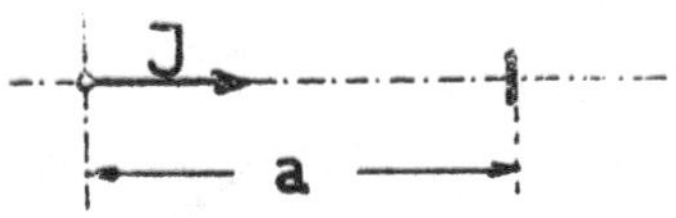

Fig. 9.

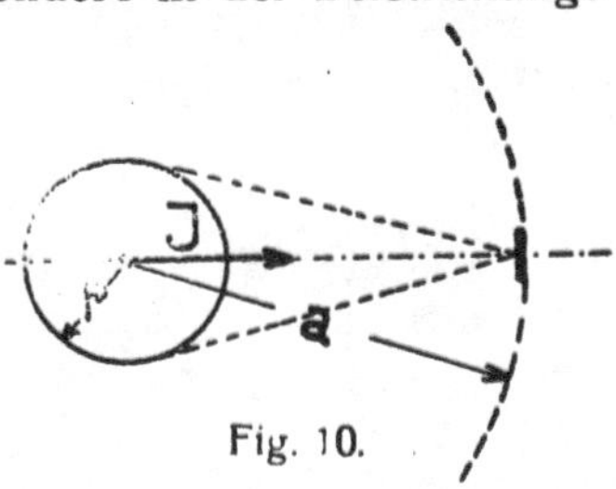

Fig. 10.

technik sind es Körper, die von Flächen umgrenzt werden. Die obige Beziehung hat daher nur bedingte Gültigkeit. Inwieweit sie absolute oder näherungsweise Gültigkeit hat, sollen die folgenden Betrachtungen klären.

Wir wollen zunächst den Fall annehmen, bei welchem der leuchtende Körper die Form einer Kugel vom Radius r hat (Figur 10). Die Flächenhelle der Kugeloberfläche sei = i. Nun ist bekanntlich der von der Flächeneinheit ausgehende Lichtstrom $= \pi \cdot i$. Der von der Kugeloberfläche ausgehende Lichtstrom ist daher $= 4 r^2 \pi^2 i$. Liegt konzentrisch zur leuchtenden Kugel eine ideelle Kugel vom Radius a ($a \geq r$), deren Oberfläche $= 4 \pi a^2$ ist, so wird die Oberfläche dieser ideellen Kugel vom Lichtstrom $4 r^2 \pi^2 i$ gleichmäßig durchströmt. Dividieren wir den Lichtstrom durch die Oberfläche der ideellen Kugel, so erhalten wir die Lichtstromdichte oder Beleuchtung der ideellen Kugelfläche zu $e = \frac{r^2 \pi i}{a^2} = \frac{J}{a^2}$, wo $r^2 \pi i = J =$ der Lichtstärke der Kugel ist. Diese Beziehung gilt streng für alle Werte von $a = r$ bis $a = \infty$. Für $a = r$, also für den Fall, bei welchem die beleuchtete Fläche mit der leuchtenden Fläche zusammenfällt, wird: $e = \pi i$. Für alle Werte $a \geq r$ nimmt die Beleuchtung mit dem Quadrat der Entfernung, vom Kugelmittelpunkt aus gemessen, ab. Die leuchtende Kugel verhält sich also in bezug auf den Zahlenwert der Beleuchtung, ganz gleichgültig, welche Abmessungen die Kugel hat, so, als wäre sie ein leuchtender Punkt mit der gleichen Lichtstärke.

Mit der Größe der Kugel ändert sich nur der Grad der Diffusion des auf das Flächenelement fallenden Lichtes; dieser wird nicht durch die Gleichung ausgedrückt. —

Als zweiten Fall betrachten wir eine kreisförmige leuchtende Scheibe vom Radius r, welche ein ihre Achse senkrecht schneidendes ebenes Flächenelement beleuchtet (Figur 11). Für die Beleuchtung e gilt hier die Beziehung

$$e = \frac{r^2 \pi i}{a^2 + r^2} = \frac{J}{a^2 + r^2}$$

wobei $r^2 \pi i = J =$ der Lichtstärke der Scheibe in achsialer Richtung ist[7]).

Auch diese Gleichung gilt streng für alle Werte von $a = 0$ bis $a = \infty$. Für $a = 0$ wird auch hier $e = \pi \cdot i$.

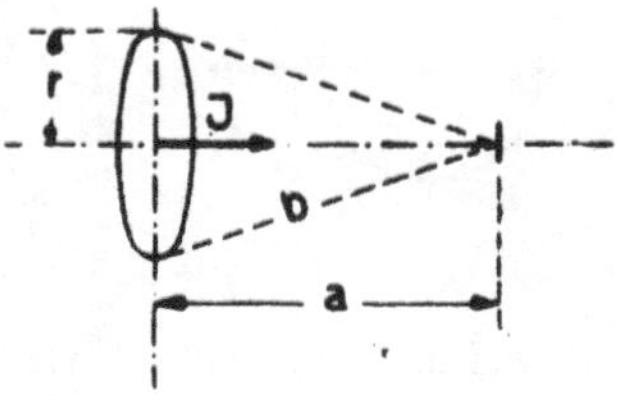

Fig. 11.

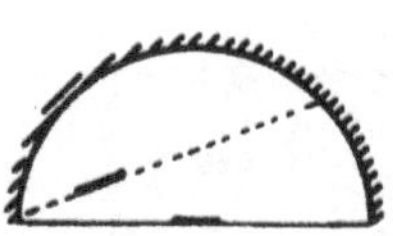

Fig. 12.

Im Gegensatz zur punktförmigen Lichtquelle und zur leuchtenden Kugel nimmt hier die Beleuchtung nicht mehr mit dem Quadrat der Entfernung ab, sondern mit dem Quadrat des Abstandes, vermehrt um das konstante Quadrat des Scheibenradius r, oder nimmt ab mit dem Quadrat der Verbindungsgeraden b vom Flächenelement und Scheibenrand.

Setzt man $r = \frac{1}{10} a$, so folgt $e = \frac{1}{1.01} \cdot \frac{J}{a^2}$

„ „ $r = \frac{1}{3} a$, „ „ $e = \frac{1}{1.11} \cdot \frac{J}{a^2}$

„ „ $r = \frac{1}{2} a$, „ „ $e = \frac{1}{1.25} \cdot \frac{J}{a^2}$

„ „ $r = a$, „ „ $e = \frac{1}{2} \cdot \frac{J}{a^2}$

[7]) Högner, Lichtstrahlung und Beleuchtung, Braunschweig 1906, S. 24 und 25.

Diese Aufstellung zeigt die Abweichung des wahren Wertes e von dem Werte, den man erhält, wenn man die Lichtstärke der Scheibe durch das Quadrat der Entfernung a dividiert, sie also als punktförmig ansieht. Man erkennt, daß bei $r = \frac{1}{10} a$ — das ist z. B. bei einem Abstand von 2 m ein Scheibendurchmesser von 40 cm — der Fehler nur 1% beträgt. Es läßt sich leicht übersehen, daß bei den in der Beleuchtungstechnik gebräuchlichen Beleuchtungskörpern, namentlich bei denen für Glühlampen, die einfache Beziehung $e = \frac{J}{a^2}$ ohne weiteres überall angewendet und also hier die Lichtquelle praktisch stets als punktförmig betrachtet werden kann[8]).

b) Es ist von großem Interesse, bei dem Beispiel der leuchtenden Kreisscheibe noch einen Augenblick zu verweilen. Nehmen wir jetzt den Fall an: $a = 0$ $(e = \pi \cdot i)$ und denken uns die Scheibe (unter Beibehaltung ihrer Ränder) nach innen kuppelartig gewölbt (Figur 12) so verändert sich bekanntlich die Beleuchtung auf dem Flächenelement infolge der Wölbung nicht, wenn die Flächenhelle i des leuchtenden Kuppelgewölbes unverändert bleibt.

Wir können jetzt mit dem Flächenelement auch eine Wanderung im Inneren des Kuppelgewölbes vornehmen, und die Beleuchtung des Flächenelementes wird immer den gleichen Wert $\pi \cdot i$ beibehalten, solange nur die Verlängerung des ebenen Flächenelementes das leuchtende Kuppelgewölbe schneidet. Wir haben hier also den Fall, daß im Inneren eines gleichmäßig leuchtenden Kuppelgewölbes (oder auch eines Innenraumes mit anderer Begrenzung, aber mit konstantem i) die Beleuchtung unabhängig ist von der Entfernung der leuchtenden Fläche; die Beleuchtung ist konstant und $= \pi \cdot i$.

Das gleiche gilt auch für die ebene Kreisscheibe von $r = \infty$ und einem Abstand a von endlicher Größe, wenn das beleuchtete Flächenelement zur leuchtenden Kreisscheibe parallel liegt; auch in diesem Falle ist e konstant und unabhängig vom Abstande a.

c) An dieser Stelle sei noch auf eine Arbeit von E. P. Hyde[9]) verwiesen, wo die Beleuchtung eines Flächenelementes durch einen leuchtenden Zylinder vom Radius r, dessen Achse parallel zur Ebene des Flächenelementes im Abstand a liegt, betrachtet worden ist. Für einen unendlich langen Zylinder ergibt sich die Beleuchtung des

---

[8]) Vergleiche auch: Norden, Beleuchtungsberechnungen für Quecksilberdampflampen, E.T.Z. 1907, S. 757, und 1908, S. 883.

[9]) Bulletin of the Bureau of Standards, Washington 3, 1907, S. 81; siehe Uppenborn-Monasch, Lehrbuch der Photometrie, S 218.

Flächenelementes zu

$$e = \frac{r \cdot \pi i}{a}$$

Nähert man das Flächenelement der Zylinderoberfläche, so daß also $a = r$ wird, so wird auch hier die Beleuchtung wieder $e = \pi \cdot i$. Für alle Abstände $a \geqq r$ aber nimmt die Beleuchtung e mit zunehmendem Abstand a linear ab.

Zusammenfassend läßt sich also folgendes sagen:

1. Die Beleuchtung eines ebenen Flächenelementes ist unabhängig vom Abstand a, wenn es durch eine ihm parallel liegende gleichmäßig leuchtende, unendlich große, ebene Fläche beleuchtet wird, oder, wenn es durch eine gleichmäßig leuchtende Fläche kuppelartig umschlossen wird.

2. Die Beleuchtung eines ebenen Flächenelementes nimmt linear mit zunehmendem Abstand a ab, wenn es durch einen unendlich langen, gleichmäßig leuchtenden Zylinder beleuchtet wird, mit dessen Achse sich seine Normale senkrecht schneidet.

3. Die Beleuchtung eines ebenen Flächenelementes nimmt mit dem Quadrat seines Abstandes a ab, wenn es durch eine gleichmäßig leuchtende Kugel von beliebigem Durchmesser beleuchtet wird, und seine Normale durch den Lichtquellpunkt geht, oder wenn es durch einen Körper beleuchtet wird, dessen Abmessungen im Vergleich zum Abstand a verschwindend klein sind.

Die Beleuchtungskörper der Technik sind in der Regel als punktförmige Lichtquellen anzusehen.

2. Analogien und Umkehrungen.

Die Gesetze, welche in der Beleuchtungstechnik gelten, sind ganz analog den Gesetzen, die uns von der Physik her geläufig sind. Wir wissen, daß im Inneren eines hohlen Weltkörpers, etwa einer Hohlkugel mit gleicher Schalenstärke, die anziehenden Kräfte auf einen im Inneren der Hohlkugel befindlichen Körper sich aufheben, daß er überall im Hohlraum im Gleichgewicht ist. Das Entfernungsgesetz findet hier in bezug auf die Gesamtwirkung keine Anwendung mehr.

Ein anderes Beispiel haben wir im Faradayschen Kasten, bei welchem sich im Inneren des elektrisch geladenen Kastens alle elektrischen Kräfte aufheben. Diese Erscheinungen sind analog den Beleuchtungserscheinungen im Inneren eines Raumes mit gleichmäßig leuchtender Wand.

Eine Analogie zu 2 haben wir in der Einwirkung eines unendlich langen elektrischen Drahtes auf eine magnetische Masse[10]).

[10]) Uppenborn, Zeitschrift für angewandte Elektrizitätslehre, 4, 1882, S. 363. — Uppenborn-Monasch, Lehrbuch der Photometrie, S. 219.

Auch für den Fall 3 haben wir eine Analogie in den Anziehungskräften unserer Weltkörper, welche sie auf andere Körper außerhalb ihrer Oberfläche ausüben. Wir wissen, daß diese Kräfte sich verändern mit dem Quadrat des Abstandes des angezogenen Körpers vom Mittelpunkt des Weltkörpers.

In gleicher Weise nun, wie diese mechanischen Erscheinungen nach dem Grundsatz von Wirkung und Gegenwirkung umkehrbar sind, sind auch die analogen Gesetze der Beleuchtungstechnik umkehrbar, wir können die leuchtenden und beleuchteten Elemente vertauschen und können sagen:

1. daß die mittlere Beleuchtung der Innenwände eines geschlossenen Hohlkörpers gleich bleibt, gleichgültig, an welcher Stelle des Hohlkörpers die Lichtquelle liegt. Das gilt für kleine und für große Hohlräume, wobei die mittlere Beleuchtung umgekehrt proportional mit der Oberfläche des Hohlkörpers abnimmt. Ist der Hohlraum eine Kugel mit mattweißer Innenfläche, so behält das Gesetz seine Gültigkeit, es kommt nur noch hinzu, daß durch die Reflexion eine zusätzliche indirekte Beleuchtung erzeugt wird, die, gleichgültig, wo im Inneren der Hohlkugel der leuchtende Körper liegt, sich gleichmäßig über die Kugelinnenfläche verteilt und gleiche Größe behält. (Ulbrichtsche Photometerkugel.)

Hat die Kugel unendlich großen Durchmesser, so wird ihre Oberfläche zu einer beispielsweise wagerechten Ebene, über der irgendwo die Lichtquelle liegt. Die mittlere Beleuchtung dieser Ebene ist wieder unabhängig von der senkrechten Verschiebung der Lichtquelle, also unabhängig von ihrem Abstand;

2. daß die mittlere Beleuchtung auf einer Geraden, die, senkrecht unter der Lichtquelle durchgehend, in dieser Ebene liegt, mit zunehmendem Abstand von der Lichtquelle linear abnimmt;

3. daß die Punktbeleuchtung auf dieser Ebene unter der Lichtquelle sich umgekehrt mit dem Quadrat des Abstandes der Lichtquelle von der Ebene verändert. Das gleiche gilt für Punkte, die unter gleichem Winkel zur Lampenachse liegen. —

Aus den vorstehend angestellten Betrachtungen läßt sich ein grobes Bild über die in der Beleuchtungstechnik gültigen Grenzbeziehungen gewinnen, von denen aus die realen Fälle zu beurteilen sind.

3. Innen- und Außenbeleuchtung.

a) Punktwerte.

Wenn wir uns nun den praktischen Aufgaben der Beleuchtungstechnik zuwenden, so haben wir zwei Gebiete vor uns, und zwar das der Innenbeleuchtung, bei welcher die

Decken und Wände als sekundäre Lichtquellen wirken, und das der Außenbeleuchtung, zu dem auch die Beleuchtung großer Hallen mit dunklen Decken und Wänden gehört, mit deren Reflexionsfähigkeit nicht gerechnet werden kann.

Wir wenden uns zunächst der Innenbeleuchtung zu, und gehen in der Weise vor, daß wir sie als zusammengesetzt aus direkter und indirekter Beleuchtung auffassen und beide getrennt untersuchen. So erledigt sich die Behandlung der Außenbeleuchtung ohne weiteres dadurch, daß die indirekte Beleuchtung = 0 wird. Wir verstehen unter direkter Beleuchtung diejenige, die entsteht, wenn die zu beleuchtende Fläche durch das von der Lichtquelle kommende Licht unmittelbar getroffen wird. Alles übrige ist indirekte Beleuchtung.

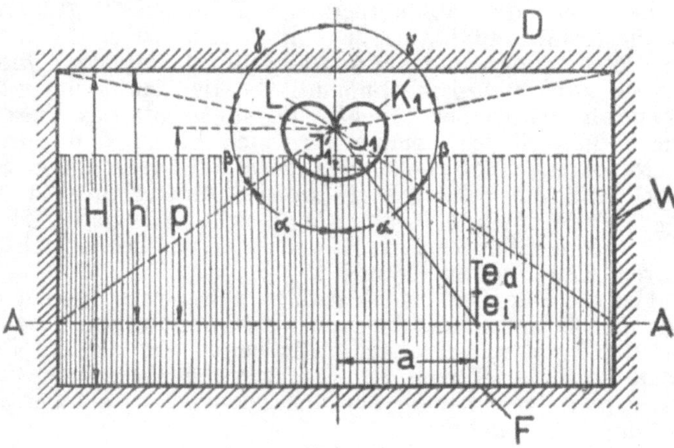

Fig. 13.

In Figur 13 ist der Fall einer Innenbeleuchtung schematisch dargestellt; D ist die Decke, W sind die Wände und F ist der Fußboden des Raumes, L ist der Lichtquellpunkt, K_1 die Intensitätskurve einer Lampe. A — A ist eine Horizontalebene, auf der die Beleuchtung untersucht werden soll. Wie gewöhnlich hat Decke und Wandfries einen weißen oder gebrochen weißen Ton, während die Wände (schraffiert) in farbigem Ton gehalten sind. Das innerhalb des Winkels α (der Schnittebene) fallende Licht trifft die Ebene A — A unmittelbar, das innerhalb des Winkels β fallende Licht trifft die Wandfläche und wird zum Teil reflektiert, das innerhalb des Winkels γ fallende Licht trifft die Decke und wird zum großen Teil reflektiert.

Der Teilbetrag der direkten Beleuchtung kann an Hand der Intensitätskurve der Lampe in bekannter Weise ohne weiteres nach der Gleichung $e_d = \frac{J_1'}{a^2 + p^2}$ berechnet werden.

(Hier und im Folgenden ist J' (J_1', J_2', J_3', J_4') immer die Projektion von J_1, J_2 usw. auf die Lampenachse.)

Der Teilbetrag der indirekten Beleuchtung e_i läßt sich nicht ohne weiteres angeben; er ist abhängig von der Größe und der Ausstattung des Raumes und von der jeweiligen Helligkeit des Wand- und Deckenanstrichs.

Wenn durch das gegen Decke und Wände fallende Licht eine allseits gleiche Flächenhelle von Decke und Wand erzeugt würde, ähnlich so, wie bei dem oben betrachteten Falle eines Raumes mit durchweg gleicher Flächenhelle, so würde der Teilbetrag e_i an allen Stellen der Ebene A — A gleich groß sein. Eine solche gleichmäßige Beleuchtung e_i können wir uns auch durch eine ideelle polare Lichtquelle entstanden denken, die im Schnittpunkt der Lampenachse mit der Decke liegt und der die Intensitätskurve K_2 (Figur 14) zugehört, und können also schreiben $e_i = \frac{J_2'}{a^2 + h^2} =$ konstant. Eine derartige Gleichmäßigkeit der indirekten Beleuchtung wird aber in den gewöhnlichen Räumen normal nicht erreicht werden, denn das in unmittelbarer Nähe der Lampe an die Decke gestrahlte Licht erzeugt in der Regel unterhalb der Lampe die stärkste Beleuchtung, die nach den Seiten hin mit zunehmendem Abstand von der Lampenachse abnimmt.

So wie wir nun oben eine Beziehung für eine gleichmäßige Beleuchtung e_i aufgestellt haben, die gewöhnlich nicht erreicht wird, so wollen wir andererseits eine Beziehung für eine möglichst ungleichmäßige Verteilung aufstellen. Dies geschieht, wenn wir uns das in Wirklichkeit über einen großen Teil der Decke verteilte Licht auf einen sehr kleinen Teil der Decke oberhalb der Lampe zusammengedrängt denken. Da wir die Strahlung dieser sekundären Lichtquelle nach dem Lambertschen Gesetz erfolgend und als polar ansehen können, so ergibt sich für

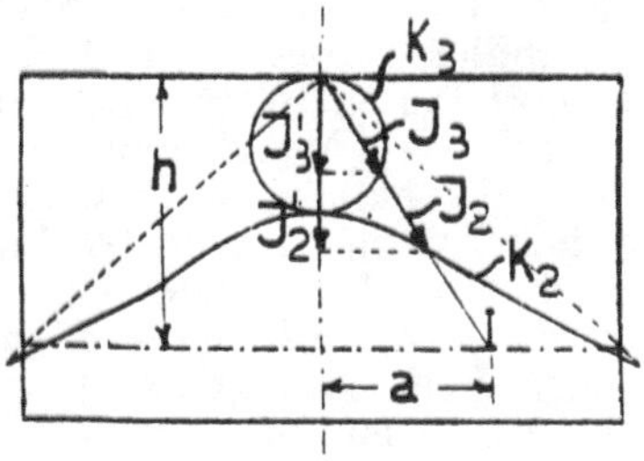

Fig. 14.

sie für jeden axialen Vertikalschnitt ein Kreis K_3 als Intensitätskurve (Figur 14), und die Beziehung für die Bodenbeleuchtung lautet $e_i = \frac{J_3'}{a^2 + h^2}$.

Aus den gegebenen Betrachtungen läßt sich bereits schließen, daß sich normal weder die eine noch die andere Deutung mit der Wirklichkeit deckt, sondern, daß beide

Deutungen als Grenzen zu gelten haben, zwischen denen die der Wirklichkeit entsprechende Deutung liegt.

Um nun der Wirklichkeit näher zu kommen, sind in den Photometriersälen der Körting & Mathiesen A.-G. Lichtmessungen vorgenommen worden, in der Weise, daß bei den verschiedenen Armaturen einmal im weißen Photometriersaal und dann unter den gleichen elektrischen und geometrischen Verhältnissen im schwarzen Photometriersaal die Horizontalbeleuchtung gemessen worden ist.

Figur 15 zeigt den Längenschnitt und Figur 16 den Grundriß des weißen Photometriersaales. Die Decke und ein 1 m breiter Wandfries haben schwach gebrochenen weißen Ton, der übrige Teil der Wände hat blaugrauen Anstrich. Die Lampe hing in der Mitte des Zimmers mit 1 m Lichtpunktabstand von der Decke. Die Horizontalbeleuchtung wurde in einer Ebene 1 m über dem Fußboden gemessen, und zwar in dem Punkte unterhalb der Lampe

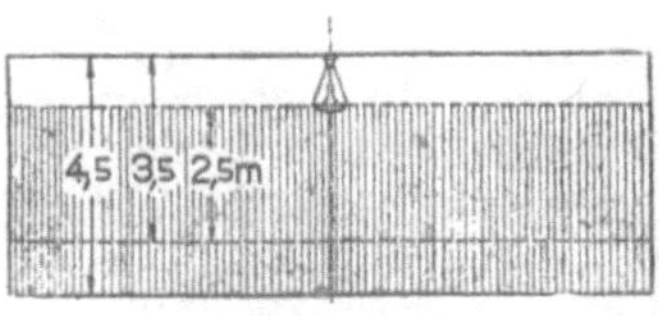

Fig. 15.

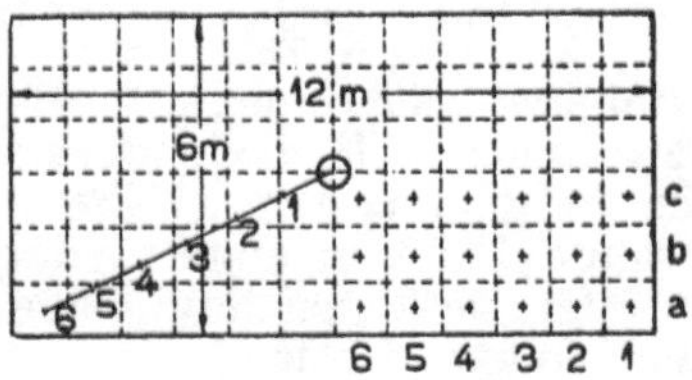

Fig. 16.

und sodann in der Richtung der Diagonale von 1 m zu 1 m bis zu einem größten Abstand von 6 m von der Lampenachse. Die Zimmerhöhe beträgt 4,5 m, so daß die Lichtpunkthöhe p über der Meßebene gleich 2,5 m und die Deckenhöhe h über der Meßebene 3,5 m betrug.

Bei den Messungen im schwarzen Photometriersaal wurde die Höhe $p = 2{,}5$ eingehalten, und ebenso die Horizontalbeleuchtung von der Lampenachse aus in Abständen von 1 m zu 1 m gemessen.

Es wurde also im weißen Photometriersaal die Summe beider Beleuchtungen $e_i + e_d$, und im schwarzen Photometriersaal nur die direkte Beleuchtung e_d gemessen. Die Differenz beider ergab den jeweiligen Teilbetrag der indirekten Beleuchtung e_i.

Auf Grund dieser Messungen konnte nun eine empirische Beziehung festgelegt werden, nach der man den Teilbetrag der indirekten Beleuchtung annähernd durch Rechnung feststellen kann. Diese Beziehung läßt sich nach der Konstruktion der Figur 17 (in Anlehnung an die beiden theoretischen Beispiele, Figur 14) ausdrücken durch

$$e_i = \frac{J_4'}{a^2 + h^2}$$

Die indirekte Beleuchtung e_i kann aufgefaßt werden als herrührend von einer ideellen Lichtquelle, die über der Lampe an der Decke liegt. Ihre Intensitätskurvenfläche wird begrenzt durch eine Kugelfläche vom Radius R = einem k-fachen von $J_{\frown}$, deren Mittelpunkt in der verlängerten Lampenachse liegt. Die größte Lichtstärke J ist im wesentlichen abhängig von der in den oberen Halbraum gestrahlten Lichtstärke $J_{\frown}$ der Lampe und von der Reflexionsfähigkeit der Decke. Der Faktor k ist andererseits im wesentlichen abhängig von der Lage und Reflexionsfähigkeit der Wände und auch von der räumlichen Lichtverteilung der Lichtquelle.

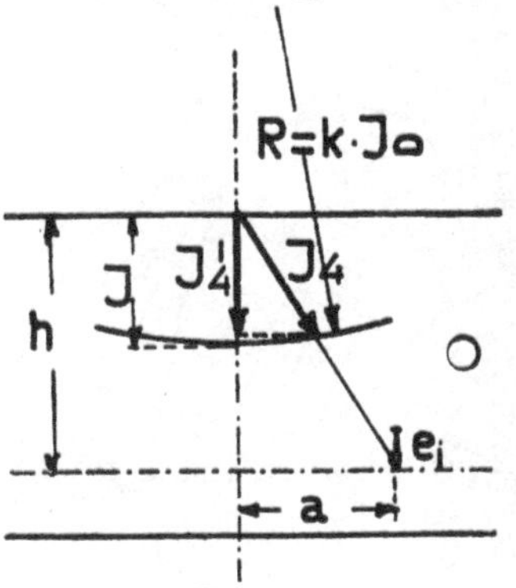

Fig. 17.

Die Brauchbarkeit dieser empirischen Beziehung soll der Kürze halber nur an drei Beispielen gezeigt werden, und zwar

1. an einer nackten gasgefüllten Lampe für 500 Watt, 110 V. Hier kann gesetzt werden: $J = J_{\frown}$ und $R = \infty$, so daß also $J_4' = J_{\frown}$ = konstant ist, also $e_i = \frac{J_{\frown}}{a^2 + h^2}$. Die

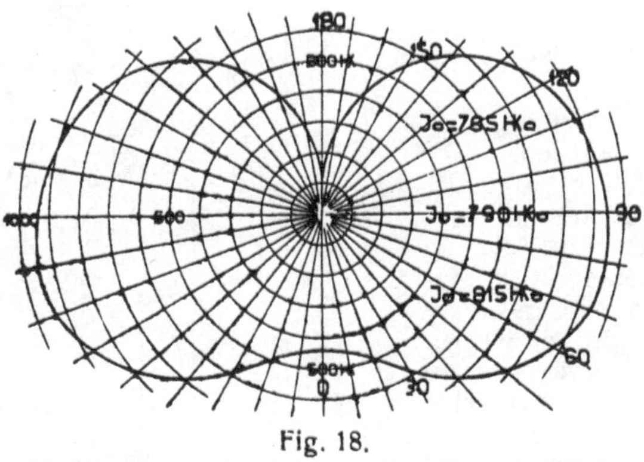

Fig. 18.
Nackte Osram-Azo-Lampe, 500 Watt, 110 Volt.

Intensitätskurve dieser Lampe zeigt die Figur 18, ihre Daten sind $J_{\frown} = 765$, $J_{\smile} = 815$, $J_0 = 790$ HK.

2. Die gleiche Lampe in einer Armatur für halbindirektes Licht (VI) $J_{\frown} = 970$, $J_{\smile} = 340$, $J_0 = 655$ HK. Intensitätskurve nach Figur 19. Auch hier kann $e_i = \frac{J_{\frown}}{a^2 + h^2}$ gesetzt werden.

3. Die gleiche Lampe in einer Armatur für diffuses, vorwiegend tiefstrahlendes Licht (V) $J_{\frown} = 470$, $J_{\smile} = 710$,

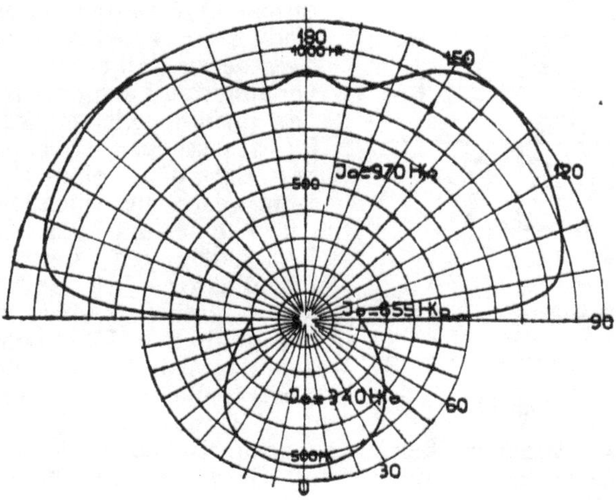

Fig. 19.
Halbindirekte Lampe (VI), 500 Watt, 110 Volt.

$J_0 = 590$ HK. Intensitätskurve nach Fig. 20. Auch hier ist

$$e_i = \frac{J_{\frown}}{a^2 + h^2}$$

gesetzt worden.

In den Figuren 21, 22 und 23 sind die gemessenen und die so berechneten Werte eingetragen. Die indirekte Beleuchtung e_i ist zuunterst, und darauf aufbauend die direkte Beleuchtung e_d aufgetragen. Man ist auf diese Weise in der Lage, auch Schattenwirkungen zeichnerisch zu veranschaulichen.

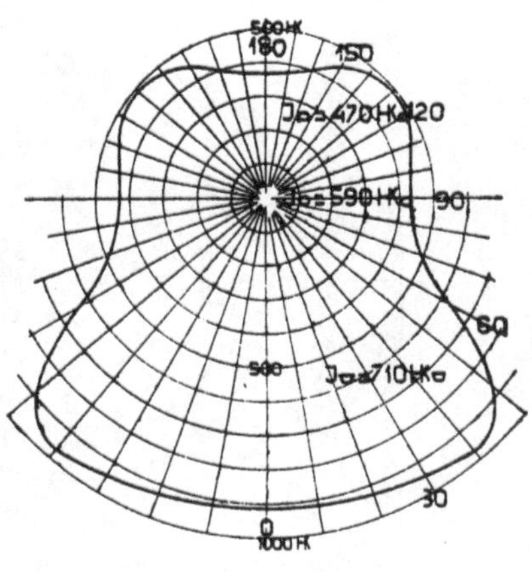

Fig. 20.
Diffus-vorwiegend tiefstrahlende Lampe.

Man kann wohl sagen, daß die berechneten Werte mit den gemessenen genau genug übereinstimmen. Bei der Armatur für halbindirektes Licht (VI) bleiben die gemessenen Werte bei a = 4, 5 und 6 m etwas zurück. Das mag damit zusammenhängen, daß diese Lampe sehr wenig Licht gegen die Wände strahlt. Dieser Fehler könnte durch eine kleine Korrektur der ideellen Intensitätskurve beseitigt werden, indessen ist die einfache Beziehung

$$e_i = \frac{J_=}{a^2 + h^2}$$

auch hier beibehalten worden.

Eine Kontrollmessung ist mit einer Lampe für halbindirektes Licht (VI) mit schwächerer Gasfüllungslampe (150 Watt) im weißen Photometriersaal und sodann in einem kleinen Büroraum vorgenommen worden.

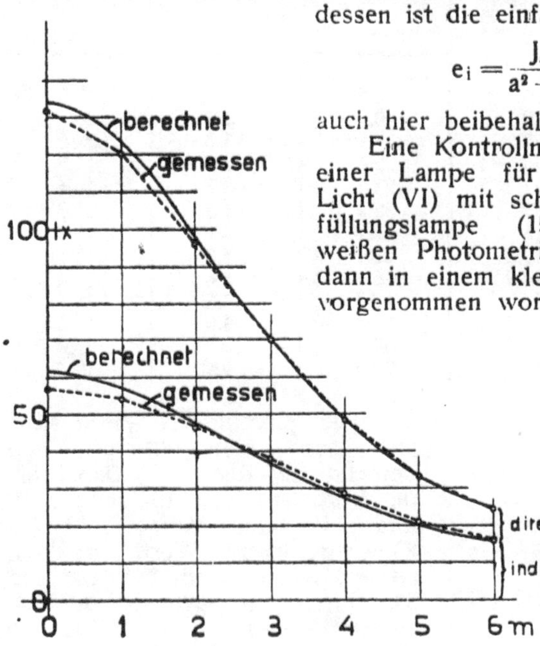

Fig. 21.
Indirekte und direkte Beleuchtung durch eine nackte Glühlampe.

Dabei ergab sich:

Im weißen Photometriersaal:

Abstand a	gemessen $e_i + e_d$	berechnet $e_i + e_d$	e_d	e_i
0	38.5	37.6	20	17.6
1	32.6	30.8	14.5	16.3
2	22.2	21	7.7	13.3
3	14	13.9	3.7	10.2
4	9.52	9.5	1.8	7.7
5	6.3	6.8	1	5.8
6	4.42	5	0.5	4.5

Im Büro (Fig. 24 u. 25):

Platz	gemessen	berechnet		
	$e_i + e_d$	$e_i + e_d$	e_d	e_i
1	55	55.5	28	27.5
2	50	49.8	23 8	26
3	35	37.8	15.2	22.6
4	26	25.4	7.8	17.9
5	27	27.1	8.7	18.4
6	37	35.4	13.6	21.8
7	28	27.9	9.1	18.8
8	19.5	21.9	5.8	16.1
9	14.2	18.8	4.4	14.4
10	14	17.5	3.5	14
11	14.5	18.4	3.9	14.5
12	42	39.8	16.4	23.4
13	30	28.9	9.5	19.4

Die gemessenen Werte stimmen auch hier gut mit den berechneten überein. Daß sich im Büro auf den Plätzen 9, 10 und 11 beim Messen 20 bis 25 % geringere Werte ergaben, ist erklärlich, weil bei 10 und 11 durch die großen dunklen Fensterflächen, und bei 9 durch den dunkelgrünen Sockelanstrich ein erheblicher Teil der diffusen Beleuchtung ausfiel.

Aus den vorstehend gegebenen Beispielen geht hervor, daß man bei Innenräumen der gewöhnlichen

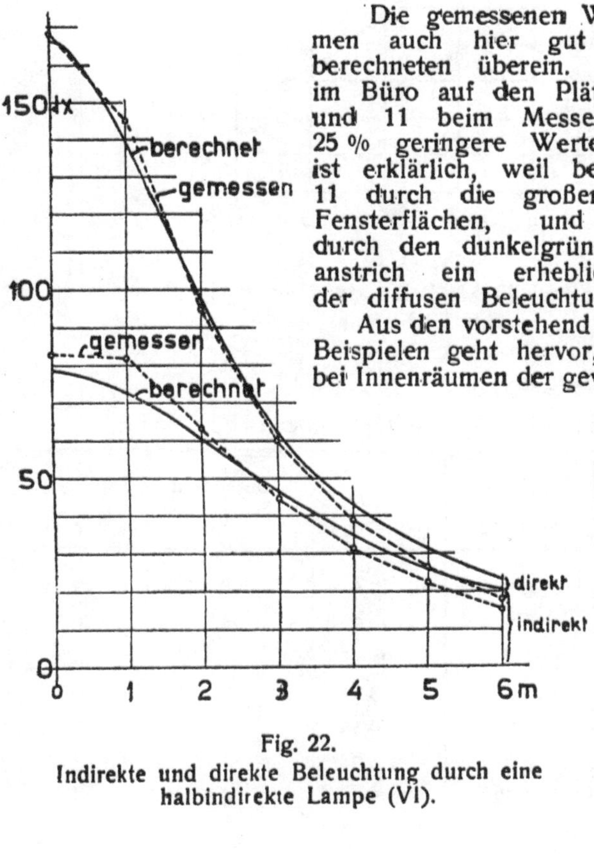

Fig. 22.
Indirekte und direkte Beleuchtung durch eine halbindirekte Lampe (VI).

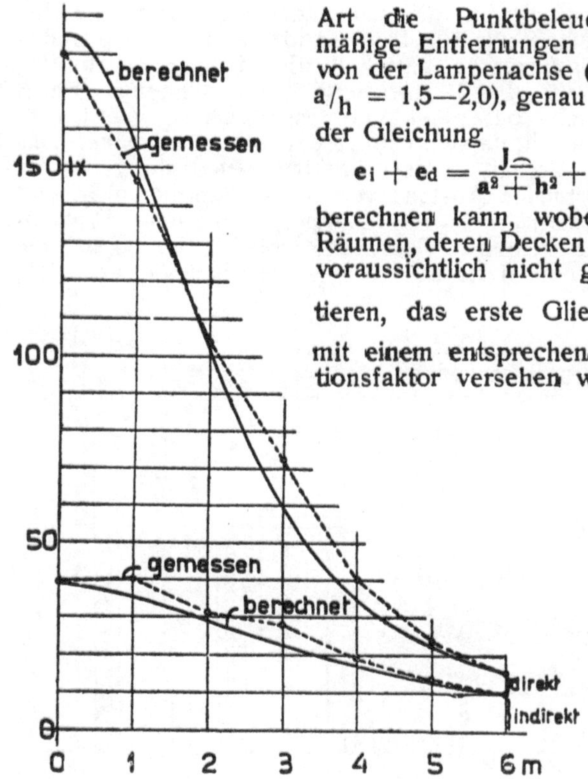

Art die Punktbeleuchtung für mäßige Entfernungen des Platzes von der Lampenachse (etwa bis zu $a/_h$ = 1,5—2,0), genau genug nach der Gleichung

$$e_i + e_d = \frac{J_{\ominus}}{a^2 + h^2} + \frac{J'}{a^2 + p^2} \quad (3)$$

berechnen kann, wobei man in Räumen, deren Decken und Wände voraussichtlich nicht gut reflektieren, das erste Glied $\frac{J_{\ominus}}{a^2 + h^2}$ mit einem entsprechenden Reduktionsfaktor versehen wird.

Fig. 23.

Indirekte und direkte Beleuchtung durch eine diffus-vorwiegend tiefstrahlende Lampe (V).

Für Entfernungen von $a/_h$ größer als 1,5—2,0 sind die Messungen nicht durchgeführt worden. Es läßt sich aber erwarten, daß für größere Entfernungen der Quotient $\frac{J_{\ominus}}{a^2 + h^2}$ zu große Werte liefert und man statt $J_{\ominus}$ einen, etwa nach der Konstruktion Figur 17 gebildeten reduzierten Wert $J_{\ominus}'$ einsetzen muß.

Weitere Vereinfachung: Wenn man es sich genügen läßt, für beschränkte Verhältnisse mit der Formel 3) zu rechnen, so kann man sich die Arbeit der Projektierung noch weiter vereinfachen: Wie wir gesehen haben, lassen sich für eine gegebene Armatur mit Gasfüllungslampe von bestimmter Wattzahl bei gegebenem p und h die Horizontalbeleuchtungswerte für die verschiedenen Abstände a berechnen. Setzen wir für festliegende Werte von p und h die Beleuchtungsstärke unterhalb der Lampe gleich 100, so können wir die Beleuchtung in Abständen a gleich einem n-fachen von p im prozentischen Verhältnis vom Beleuchtungswert unter der Lampe angeben. Das prozentische Verhältnis der direkten Beleuchtung e_d ist für einen n-fachen Abstand von p unabhängig von p und von der Lichtstärke der Lampe. Für den Prozentsatz der indirekten Beleuchtung bleibt hingegen ein kleiner Fehler insofern stecken, als die Abstände sich nicht

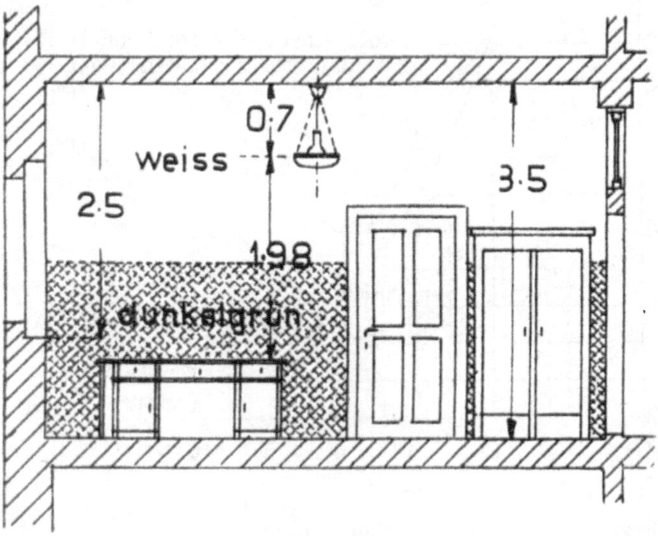

Fig. 24.

auch mit dem n-fachen von h verändern. Immerhin bleibt der Fehler klein wenn man bei der Berechnung der Beleuchtung senkrecht unter der Lampe, die man ja immer zahlenmäßig feststellen muß, die wahre Höhe h in die Formel einsetzt. Bei unseren Berechnungen der prozentischen Werte ist bei einem p von 2,5 und einem h von 3,25 ein Abstand des Lichtpunktes von der Decke von 3,25—2,5 = 0,75 m als praktischer Mittelwert angenommen worden.

Die Beleuchtung E unter der Lampe kann man aus Formel 3) ausdrücken

$$E = E_i + E_d = \frac{m_1 J_0}{h^2} + \frac{m_2 J_0}{p^2} \quad (4)$$

wobei J_0 die sphärische Lichtstärke der nackten Glühlampe ist, $m_1 . J_o = J_{\frown}$, also $m_1 = \frac{J_{\frown}}{J_o}$ und $m_2 \cdot J_o = J'$, also $m_2 = \frac{J'}{J_o}$. J' ist die Lichtstärke der armierten Lampe in senkrechter Richtung nach abwärts. Wenn die Lichtwerte $J_{\frown}$ und J' einer Armatur festliegen, so kann man die Werte m_1 und m_2 berechnen und hat beim Gebrauch der Formel 3) nur noch mit der sphärischen Lichtstärke der nackten Lampe zu rechnen, was sehr bequem ist.

Aus der Formel 4) sind die Formeln für E auf Seite 12 im Teil I für die verschiedenen Armaturen berechnet und

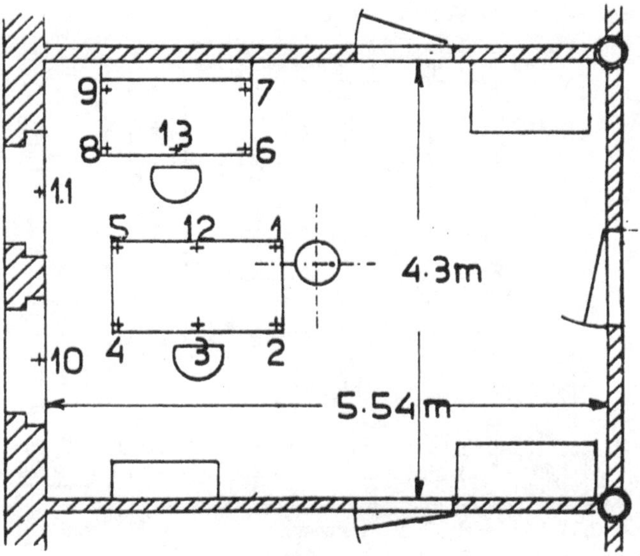

Fig. 25.

daraus die Tabellen 1a und 2a, Seite 13, gebildet worden für einen Lampenabstand von der Decke = 75 cm.

Aus der Formel 3) sind die prozentischen Beträge der Tabellen 1b und 2b ebendort berechnet worden.

Beispiele:

Zwei weitere Beispiele mögen den Umgang mit den Formeln 2) und Tabellen erläutern:

1. Ein Raum von 8 m Länge, 5 m Breite und 3,5 m Höhe soll durch 2 Gasfüllungslampen, 200 Watt, 220 Volt, 250 HK_0 in Armaturen für halbindirektes Licht (VI) beleuchtet werden.

Meßebene 1 m über Fußboden; Abstand des Lichtpunktes von der Decke 75 cm, daher h = 2,5, p = 1,75. Anordnung der

Lampen nach Figur 26. Die Bodenbeleuchtung an den wichtigsten Plätzen des Raumes soll angegeben werden:

Platz I unter der Lampe L_1; nach Formel 2) VI:

von Lampe L_1; $E = 250 \left(\frac{1.23}{2.5^2} + \frac{0.7}{1.75^2}\right)$ = 106 Lux

von Lampe L_2; a/p = 2,5 gibt nach Tab. 1 b 12% = 12 „

Sa. 118 Lux.

Der Wert 106 Lux kann auch aus Tab. 1 a entnommen werden:

(VI); p = 1,75.

200 Watt, 110 Volt = 116 Lux.

200 Watt, 220 Volt = 106 Lux.

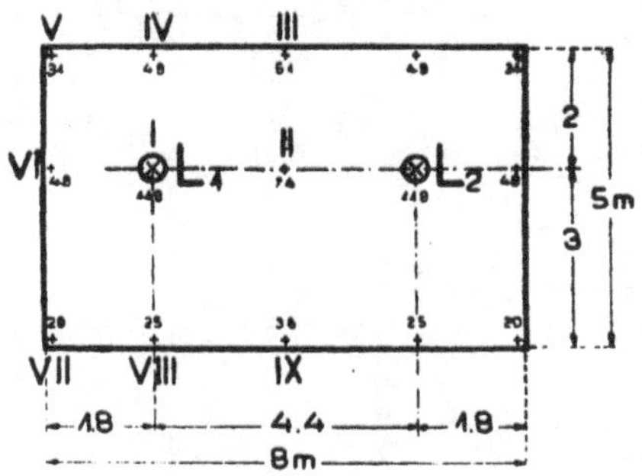

Fig. 26.

Platz II; gleicher Abstand von L_1 und L_2; a = 2,2 m: a/p = 2,2/1,75 = 1,25 gibt aus Tab. 1b 2×35% von 106 = 74 Lux.

Platz III; gleicher Abstand von L_1 und L_2; a = 2,84 m: a/p = 2,84/1,75 = 1,62, liegt zwischen 1½ und 1¾, aus Tab. 1 b interpoliert = 24%; 2×24% von 106 = 51 Lux.

Platz IV; Abstand von L_1 = 1,8 m; a/p = 1,8/1,75 = rd. 1 gibt 1×45 % von 106 = 48 Lux.

Platz V; Abstand von L_1 rd. 2,5 m; a/p = 2,5/1,75 = 1,42, liegt zwischen 1¼—1½, interpoliert = 29 % von 106 = 31 Lux.

Platz VI; Abstand von L_1 = 1,75 m; a/p = 1,75/1,75 = 1 gibt 45 % von 106 = 48 Lux.

Platz VII; Abstand von L_1 = 3,3 =; a/p = 3,3/1,75 = 1,88, interpoliert zwischen 1¾ und 2 = 19 % von 106 = 20 Lux.

Platz VIII; Abstand von L_1 = 2,8 m; a/p = 2,8/1,75 = 1,6, zwischen 1½ und 1¾ interpoliert, gibt 24 % von 106 = 25 Lux.

Platz IX; gleicher Abstand von L_1 und L_2; a = 3,55 m: a/p = 3,55/1,75 = rd. 2 gibt 2×17 % von 106 = 36 Lux.

Ungleichmäßigkeitsgrad $E/e_{min.}$ = 118/20 = 5,9.

2. Eine Straße von 20 m Breite soll durch Halbwattlampen à 750 Watt, 220 Volt in breitstrahlenden Armaturen (IV) erleuchtet werden. Lampen auf Straßenmitte, Lichtpunkthöhe 8½ m, Lampenabstand 40 m. (Fig. 27.)

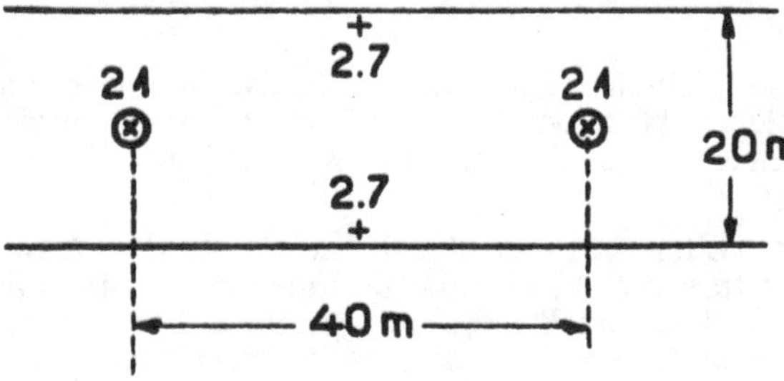

Fig. 27.

Das Maximum der Beleuchtung unter der Lampe sowie das Minimum zwischen beiden Lampen am Straßenrand in 1 m Höhe über Fußboden soll angegeben werden.

p = 8,5 — 1 = 7,5 m. Jo der nackten Glühlampe = 1150.

Platz unter der Lampe: $E = 1150 \frac{1.02}{7.5^2} = 21$ Lux

nach Formel 2) IV.

Oder aus Tabelle 2a:

500 Watt, 110 Volt = 15.
750 Watt, 220 Volt = 21 Lux.

Platz zwischen beiden Lampen am Straßenrand: Abstand von beiden Lampen gleich groß $= \sqrt{20^2 + 10^2} = 22.4$ m

a/p = 22,4/7,5 = rd. 3 gibt aus Tab. 2b: 2×6,6% von 21 = 2,7 Lux.

Der Platz unter der Lampe bekommt von einer Nachbarlampe noch hinzu: a/p = 40/7,5 = rd. 5,5, gibt, wie man aus Tab. 2b erkennt, weniger als 1 %, kann also vernachlässigt werden.

Ungleichmäßigkeitsgrad = 21/2,7 = 8,1.

b) Mittlere Beleuchtung.

Zur Berechnung der mittleren Beleuchtung kann man das im vorigen Abschnitt gegebene Punktverfahren benutzen, indem man zunächst die zu beleuchtende Fläche in ein Netz von Quadraten einteilt, sodann die Punktwerte für die Mittelpunkte der Quadrate berechnet und aus diesen Punktwerten das arithmetische Mittel zieht.

Wenn man Quadrate von 1 m Seitenlänge wählt, so ergibt die Summe der Punktwerte unmittelbar den Nutzlichtstrom in Lumen. Dividiert man diesen Nutzlichtstrom durch den aufgewendeten Totallichtstrom der nackten Glühlampen, so erhält man den Nutzfaktor der Beleuchtung.

Es ist also

$$K = \frac{e_m f}{\Phi} \text{ oder } e_m = \frac{\Phi}{f} \cdot K \text{ oder } \Phi = \frac{e_m \cdot f}{K}.$$

Der Nutzfaktor K kann als Produkt aus dem Nutzfaktor K_a der Armatur und dem Nutzfaktor K_r des Raumes angesehen werden.

Diese Lichtstromgleichungen gestatten die Berechnung der mittleren Horizontalbeleuchtung auf sehr einfache Art und Weise, wenn der Faktor K hinreichend genau bekannt ist.

Wir wollen uns an dieser Stelle mit der Anwendung des Lichtstromverfahrens nur für Innenräume mit reflexionsfähigen Decken und Wänden eingehender beschäftigen, weil hier der Nutzfaktor K in viel geringerem Maße von Lichtpunkthöhe und Raumgröße abhängig ist, als bei Außenbeleuchtung und bei Beleuchtung von Innenräumen mit dunklen Decken und Wänden.

Uebrigens läßt sich auch für Außenbeleuchtung der Nutzfaktor nach dem Lichtstromverfahren schnell bestimmen, wenn vorbereitete Lichtstromtafeln über die Teilsummierung des Lichtstromes, von der Vertikalen ausgehend, zur Hand sind. Arbeiten auf diesem Gebiet liegen vor von Bloch[11]), Högner[12]), Teichmüller[13]) und Zeidler[14]).

Wenn wir uns nun insbesondere der Innenbeleuchtung zuwenden, so wollen wir vorerst wieder von rein theoretischen Fällen ausgehen, um uns in Anlehnung an diese rechnerisch leicht zugänglichen Beispiele an die praktischen Aufgaben heranzuarbeiten.

Betrachten wir eine halbkugelförmige Kuppel mit mattweißen Wänden und dunklem, nicht reflektierendem Boden. In dieser Kuppel möge eine Lampe hängen mit einem Lichtstrom von Φ_l Lumen, von dem ein Teil Φ_b unmittelbar auf den Boden, ein Rest Φ_a gegen die Kuppel fließt. Wenn n den Verlustfaktor beim Wandreflex bedeutet (d. h., wenn von $\triangle\Phi$ Lumen, welche gegen die Wand fließen, $n \cdot \triangle\Phi$ verschluckt und der Rest $(1-n)\ \triangle\Phi$ reflektiert wird, so wird unter Berücksichtigung der fortgesetzten Wiederstrahlung des Kuppelgewölbes die mittlere Beleuchtung auf dem Boden:

$$e_m = \frac{\Phi_b}{f} + \frac{\Phi_a}{f} \cdot \frac{1-n}{1+n}$$ [15])

[11]) Elektrotechnische Zeitschrift, 1906, Seite 493.

[12]) Elektrotechnische Zeitschrift, 1910, Seite 234/267.

[13]) Journal für Gasbeleuchtung, 1918, Seite 229.

[14]) Elektrotechnik in Einzeldarst. VI, Seite 98/115. Verlag von Friedrich Vieweg & Sohn, Braunschweig, 1905.

[15]) Högner, Lichtstrahlung und Beleuchtung, Seite 46.

wobei $\frac{\Phi_b}{f}$ das direkte und $\frac{\Phi_a}{f} \frac{1-n}{1+n}$ das indirekte Licht darstellt.

Nimmt man den Idealfall, Reflexverlust $n = 0$, so wird $e_m = \frac{\Phi_b + \Phi_a}{f} = \frac{\Phi_l}{f}$. Der Nutzfaktor des Raumes würde $= 1$. Da nun aber der Idealfall in Wirklichkeit nie zutrifft und alle Anstriche, selbst die besten, einen Teil des auffallenden Lichtes verschlucken, so wird der Raumfaktor bei vorliegendem Kuppelgewölbe immer kleiner als 1 sein.

Nehmen wir an, daß der Reflexionsverlust gleich $^1/_3$ des auffallenden Lichtstromes ist, was bei weißen Decken etwa der Praxis entspricht, so wird $e_m = \frac{\Phi_b}{f} + \frac{\Phi_a}{f} \cdot 0{,}5$, es wird also nur noch der 0,5 fache Teil des an das Kuppelgewölbe unmittelbar gestrahlten Lichtstromes Φ_a für die Beleuchtung des Bodens wiedergewonnen. Während also das Reflexionsvermögen $^2/_3$ ist, ist der Nutzfaktor des indirekten Lichtes nur $= ^1/_2$.

Setzen wir weiter:

1. $\Phi_b = 0 \times \Phi_l$, $\Phi_a = \Phi_l$, so ist $e_m = \frac{0{,}5 \cdot \Phi_l}{f}$

2. $\Phi_b = ^1/_4 \times \Phi_l$, $\Phi_a = ^3/_4 \Phi_l$, „ „ $e_m = \frac{0{,}625\ \Phi_l}{\cdot f}$

3. $\Phi_b = ^1/_3 \times \Phi_l$, $\Phi_a = ^2/_3 \Phi_l$, „ „ $e_m = \frac{0{,}667\ \Phi_l}{f}$

4. $\Phi_b = ^1/_2 \times \Phi_l$, $\Phi_a = ^1/_2 \Phi_l$, „ „ $e_m = \frac{0{,}75\ \Phi_l}{f}$

5. $\Phi_b = ^2/_3 \times \Phi_l$, $\Phi_a = ^1/_3 \Phi_l$, „ „ $e_m = \frac{0{,}833\ \Phi_l}{f}$

6. $\Phi_b = ^3/_4 \times \Phi_l$, $\Phi_a = ^1/_4 \Phi_l$, „ „ $e_m = \frac{0{,}875\ \Phi_l}{f}$

7. $\Phi_b = \Phi_l$, $\Phi_a = 0$, „ „ $e_m = \frac{\Phi_l}{f}$

Wir sehen, daß der Raumfaktor in dem hier angenommenen Beispiel von 0,5 bis 1,— schwankt, je nachdem vom Lichtstrom Φ_l der Lampe mehr oder weniger gegen die Kuppel fällt. Wir haben im 1. Fall eine ganz indirekte und im 7. Fall eine ganz direkte Beleuchtung, in allen anderen Fällen eine gemischte Beleuchtung.

(Bei Außenbeleuchtung würde bei gleicher Staffelung der Raumfaktor sich von 0 bis 1 verändern.)

Wenn wir nun im 1. und 7. Fall eine Armatur der Art III annehmen, deren Lichtstrom $\Phi_l = 0{,}667\ \Phi$ ist, wo Φ den Lichtstrom der nackten Glühlampe bedeutet, und die Armatur im Fall 1 im Raum so stellen, daß der gesamte Lichtstrom gegen die Kuppel fällt, so haben wir einen Raumfaktor von 0,5 und einen Armaturfaktor von 0,667, der Faktor K wird demnach sein $0{,}5 \times 0{,}667 = 0{,}333$. Im Fall 7 stellen wir die Armatur so, daß der gesamte Lichtstrom Φ_l unmittelbar den Boden trifft; wir haben dann einen Raumfaktor 1 und einen Armaturfaktor 0,667; der Faktor K der Bodenbeleuchtung, bezogen auf die nackte Glühlampe, wird dann $= 0{,}667$.

Die Lichtpunkthöhe über dem Fußboden hat dabei gar keinen Einfluß auf die mittlere Bodenbeleuchtung, solange nur die Bedingung erfüllt ist, daß der Lichtstrom Φ_b vollständig auf den Boden, der Lichtstrom Φ_a vollständig gegen das Gewölbe fällt. Nur die Gleichmäßigkeit der Beleuchtung ändert sich mit der Lichtpunkthöhe, und zwar wird die indirekte Beleuchtung (Fall 1) um so ungleichmäßiger, je weiter die Lampe vom Boden entfernt und der Kuppel genähert wird, während umgekehrt die direkte Beleuchtung (Fall 7) um so gleichmäßiger wird, je höher die Lampe hängt.

Dieses deduktive Beispiel eines Kuppelraumes möge genügen; es charakterisiert das Wesen der Innenbeleuchtung.

Bei gewöhnlichen Innenräumen liegen die Verhältnisse nicht so klar wie hier, immerhin läßt sich ohne weiteres sagen, daß jeder anders gestaltete Raum das indirekte Licht etwas ungünstiger ausnutzen wird als die Kugel, weil diese bei gegebener Raumgröße die kleinste Oberfläche hat, was in lichttechnischer Hinsicht bei gleichem Lichtstrom Φ_a eine größere Flächenhelle der Leuchtflächen bedeutet. Auch ist auf sonstige Dinge, wie dunkler Wandanstrich usw., noch keine Rücksicht genommen worden.

Um nun den praktischen Aufgaben näher zu kommen, seien unter Figur 28, 29 und 30 die Meßergebnisse an den Armaturen der Art V, VI und VII gegeben. Die Messungen stammen aus dem unter Figur 15 und 16 dargestellten Photometriersaal. Die Armatur hing bei den Messungen in der Mitte des Raumes und war mit einer 500 Watt Osram-Azo-Lampe für 110 Volt versehen. Es wurden Punktmessungen auf einem Netz von 1 m Maschenweite vorgenommen. In jedem Fall wurden vier vollständige Netzmessungen gemacht, und zwar bei einer Lichtpunkthöhe $p = 1{,}5$, 2,0, 2,5 und 2,75 m.

Dabei hat sich ergeben, daß die Beleuchtung E unter der Lampe bei diffusem, vorwiegend tiefstrahlendem (V) und bei halbindirektem Licht (VI) mit steigendem Lichtpunkt fällt, bei ganz indirektem Licht (VII) hingegen steigt.

Die **m i t t l e r e** Beleuchtung nimmt, wie die Kurven zeigen, mit steigendem Lichtpunkt bei den Armaturen VI

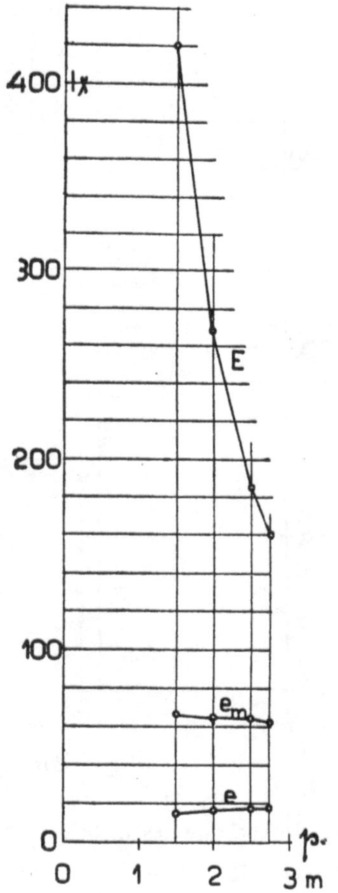

Fig. 28.
Diffuses, vorwiegend tiefstrahlendes Licht (V)

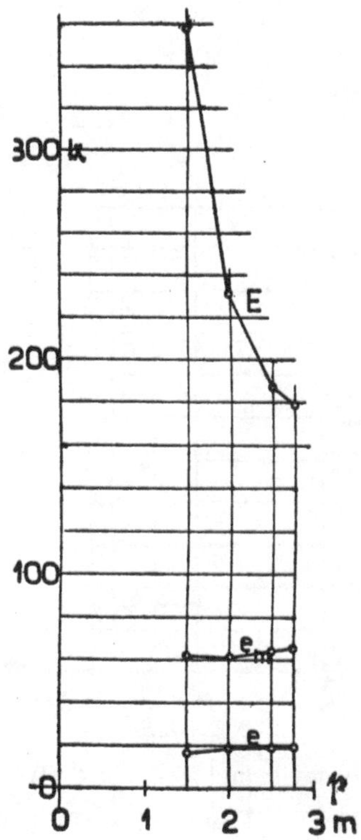

Fig. 29.
Halbindirektes Licht (VI)

und VII etwas zu, bei der Armatur V etwas ab, **j e d o c h ä n d e r t s i c h d i e m i t t l e r e B e l e u c h t u n g m i t d e r L i c h t p u n k t h ö h e n u r s e h r w e n i g.**

Wenn wir nun die mit der Frieshöhe übereinstimmende Lichtpunkthöhe von p = 2,5 m (= 1 m Abstand von der

Decke) als die im vorliegenden Falle geeignetste annehmen, so ergibt sich aus den

Kurven für die Lampe der Art V $e_m = 64{,}1$ Lux,
„ „ „ „ „ VI $e_m = 64{,}2$ „
„ „ „ „ „ VII $e_m = 45{,}2$ „

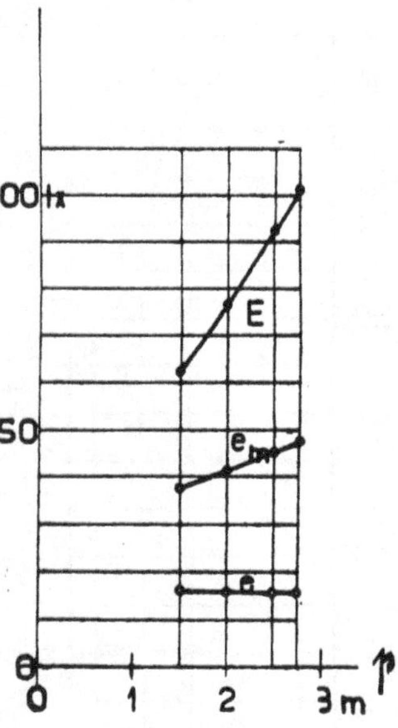

Fig. 30.
Ganz indirektes Licht (VII)

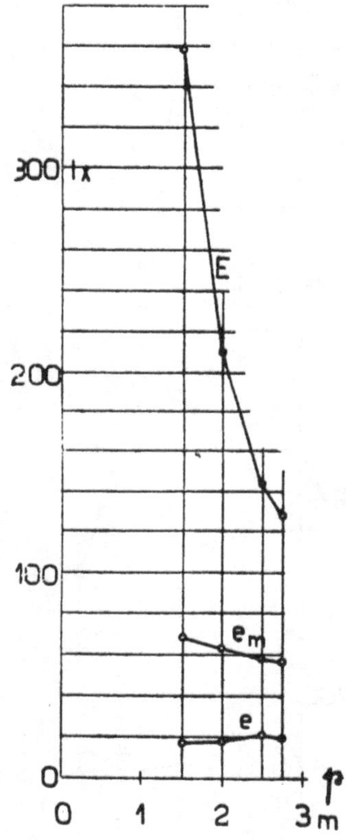

Fig. 31.
Vorwiegend direktes Licht (I)

Da der Raum eine Bodenfläche von 72 qm hat, beträgt der Nutzlichtstrom im Fall V $64{,}1 \times 72 = 4600$ Lumen,
„ „ „ „ VI $64{,}2 \times 72 = 4600$ „
„ „ „ „ VII $45{,}2 \times 72 = 3250$ „

Die sphärische Lichtstärke der nackten Lampe betrug 790 HK_0 und der Totallichtstrom daher $12{,}57 \times 790 = 9900$ Lm.

Der Nutzfaktor K ergibt sich daher:

im Fall V zu $4600/9900 = 0{,}465$
„ „ VI zu $4600/9900 = 0{,}465$
„ „ VII zu $3250/9900 = 0{,}33$
} gemessene Werte.

Wenn wir andererseits die mittlere Beleuchtung nach dem unter 3a gegebenen Punktverfahren berechnen (wie in der Einleitung zu diesem Abschnitt angegeben ist), so ergibt sich für den Fall V

	indirekt 20,4 Lux	
	direkt 38,3 „	
	Summa: 58,7 Lux $= e_m$,	
den Fall VI	indirekt 42,0 Lux	
	direkt 19,2 „	
	Summa: 61,2 Lux $= e_m$	
den Fall VII	indirekt 45,0 Lux	wobei $J = J_{\frown} = 1180$ HK und $R = 4{,}5 \times J_{\frown}$ (Fig. 17) angenommen worden ist.
	direkt 0,0 „	
	Summa: 45,0 Lux $= e_m$	

Daher Nutzlichtstrom im Fall V $58{,}7 \times 72 = 4210$ Lumen
„ „ VI $61{,}2 \times 72 = 4406$ „
„ „ VIII $45 \times 72 = 3240$ „

Daher Nutzfaktor im Fall V $4200 : 9900 = 0{,}425$
„ „ VI $4406 : 9900 = 0{,}445$
„ „ VII $3240 : 9900 = 0{,}327$
} berechnete Werte.

Wir wählen nun den im I. Teil dieser Abhandlung angenommenen Nutzfaktor von im Mittel

$K = 0{,}44$ für die Arm. V und VI und
$K = 0{,}75 \times 0{,}44 = 0{,}33$ für die Arm. VII.

Es ist auffallend, daß zwei Armaturen wie V und VI, welche so verschiedene räumliche Lichtverteilung bewirken, praktisch gleichen Nutzfaktor haben. Aber wie sich aus folgender Zerlegung der Nutzfaktoren K in Armaturfaktor und Raumfaktor ergibt, entspricht in dem einen Fall einem niedrigen Armaturfaktor ein hoher Raumfaktor, im anderen Fall umgekehrt.

Der Armaturfaktor ist im Fall V $590 : 790 = 0{,}75$ (Fig. 20),
VI $655 : 790 = 0{,}83$ (Fig. 19),
VII $590 : 790 = 0{,}75$.

Der Raumfaktor ist daher im Fall V $0{,}44 : 0{,}75 = 0{,}59$,
„ „ VI $0{,}44 : 0{,}83 = 0{,}53$.
„ „ VII $0{,}33 : 0{,}75 = 0{,}44$.

Die Armatur für diffuses, vorwiegend tiefstrahlendes Licht (V) ist, wie nicht anders zu erwarten, vom Raum weniger abhängig als die für halbindirektes Licht (VI).

Der Armaturfaktor ist von der Dichte der verwendeten Gläser und in geringem Grade von der Stellung der Lampe in der Armatur abhängig.

Der Raumfaktor ist von der Größe und Ausstattung des Raumes und von der räumlichen Lichtverteilung des Leuchtkörpers abhängig. Er wird im allgemeinen um so größer sein, je größer die Weitenausdehnung des Raumes im Verhältnis zu seiner Höhe ist, je heller der Anstrich der Decke und je größer die Lichtmenge ist, welche unmittelbar nach unten gestrahlt wird. (Von der Qualität der Beleuchtung wird in diesem Zusammenhang ganz abgesehen.) So kann der Raumfaktor bei direkten Tiefstrahlern (III) in ausgedehnten Räumen mit vielen Lampen nahezu gleich 1 werden, weil fast alles Licht auf den Boden fällt und nur der geringe Teil des Lichtes der Lampen am Rande des Raumes verloren geht, der durch die Wände verschluckt wird.

Es bleibt noch übrig, etwas über die Armatur für vorwiegend direktes Licht (I) zu sagen, welche auch in Innenräumen mit weißer Decke und hellen Wänden Verwendung findet. Während bei den Armaturen der Art V, VI und VII das Licht vorwiegend nach unten oder nach oben an die naheliegende Decke gestrahlt wird, fällt bei der Armatur der Art I ein großer Teil des Lichtes in die Breite und fällt namentlich in kleineren Räumen gegen die Wände, von denen es ungünstig reflektiert oder, wenn deren Anstrich dunkel gehalten ist, verschluckt wird. Eine Messung mit einer 500 Watt-Lampe in dem unter Figur 15 und 16 dargestellten Raum in verschiedener Höhe p ergab die in Figur 31 eingetragenen Werte. Die mittlere Beleuchtung bei einer Lichtpunkthöhe $p = 2{,}5$ m ergab sich zu 58,6 Lux. Demnach würde für diesen Raum ein Nutzfaktor von $\frac{58{,}6 \times 72}{9900} = 0{,}425$ in Frage kommen.

Dieser Nutzfaktor wird bei größeren Räumen infolge der besseren Ausnutzung des nach der Breitenrichtung gestrahlten Lichtes noch etwas steigen, und wenn man sich an die Regel hält, daß man in kleineren Räumen namentlich Hoch- oder Tiefstrahler verwendet und die Breitstrahler der Art I nur in größeren Räumen oder solchen mit hellem Wandanstrich verwendet, so wird man für die Arten I, V und VI mit genügender Genauigkeit mit dem Nutzfaktor von $K = 0{,}44$, bezogen auf den Totallichtstrom der nackten Glühlampe, rechnen können, wobei es natürlich überlassen bleibt, in Rücksicht auf mehr oder weniger günstige Nebenumstände denselben noch etwas zu erhöhen oder zu vermindern.

Setzt man nun für die Armaturen der Arten I, V und VI den Nutzfaktor zu 0,44 und für die Armaturen der Art VII den Nutzfaktor $0{,}75 \times 0{,}44$, so ergeben sich auf diese Weise für die Behandlung der Aufgaben die im

Teil I zusammengestellten einfachen Verhältnisse und Regeln, die sich leicht merken lassen. —

Zu Berechnungen nach der Lichtstromformel braucht man die Werte für den Lichtstrom Φ der nackten Glühlampen oder die Werte von J_o. ($12{,}57 \cdot J_o = \Phi$). Diese Werte hat man in der Regel nicht im Kopf, wohl aber die Wattzahlen, für die Glühlampen normal geliefert werden. Es lag also nahe, zu prüfen, ob man eine Beziehung zwischen der Wattaufnahme der normalen Glühlampen und der dadurch erzielten Beleuchtung e_m aufstellen kann.

Das führte zur „Wattregel“.

Rechnet man die Lichtstromformel $\Phi = \frac{e_m \cdot f}{0{,}44}$ für 10 Watt pro Quadratmeter, also für $f = \frac{\text{Watt}}{10}$ und für die verschiedenen Wattzahlen der normalen Glühlampentabelle aus, so findet man:

10 Watt pro Quadratmeter Bodenfläche geben **Watt/Lux-Tabelle**

			bei 110/220 Volt	
bei 40—60	Watt-Lampen	ca.	45/35	Lux mittl. Beleuchtung
„ 75	„	„	60/50	„ „ „
„ 100	„	„	65/55	„ „ „
„ 150	„	„	70/60	„ „ „
„ 200	„	„	75/70	„ „ „
„ 300	„	„	80/75	„ „ „
„ 500	„	„	85/80	„ „ „
„ 1000	„	„	90/85	„ „ „

Das gilt für vorwiegend direktes Licht (I), für diffuses, vorwiegend tiefstrahlendes Licht (V) und für halbindirektes Licht (VI) und für Räume mit ungestörter Deckenreflexion. Für ganz indirektes Licht (VII) erhält man nur 0,75 davon.

Beschränken wir uns auf die für Allgemeinbeleuchtung wichtigsten Lampen von 150—500 Watt, so kann man für diese annäherungsweise die Merkregel aufstellen:

10 Watt pro Quadratmeter Bodenfläche geben ca. 80/70 Lux, und in den gleichen Grenzen kann man rechnen: „Lux proportional den Watt“, ohne sehr große Fehler zu machen.

Im Teil I ist ein Beispiel durchgerechnet worden.

Man kann sich aber auch diese Watt/Lux-Tabelle im ganzen sehr leicht merken und dadurch die Rechnung stets korrigieren (z. B. 110 Volt; 20 qm; 200 Watt = 80 lx, also 100 Watt $= \frac{80}{2} = 40$ lx; genauer (aus der Watt/Lux-

Tabelle) $= \frac{65}{2} =$ 32 lx) und sie dann auch für kleinere Lampen, unter 150 Watt, mit den entsprechenden kleineren Luxzahlen anwenden und nun in engeren Grenzen ohne große Fehler wieder „Lux proportional den Watt" rechnen.

So unwissenschaftlich vielleicht diese Regel erscheint, so praktisch ist sie, weil man sie leicht und ohne jedes Hilfsmittel im Kopf ausrechnen kann, und weil man sich sogleich in den praktisch wichtigen und üblichen Luxzahlen bewegt, also ohne alle Umwege durch die Rechnung sogleich sicher geführt wird.

M. Krayn, Verlagsbuchhandlung für techn. Literatur,
Berlin W 10, Genthiner Str. 39.

Zeitschrift für Beleuchtungswesen, Heizungs- und Lüftungstechnik.

Herausgegeben von Dr. **H. Lux**, Berlin.

Die Zeitschrift für Beleuchtungswesen, Heizungs- und Lüftungstechnik erscheint 24 mal jährlich. — Preis 6 M. für das Halbjahr. Bei direkter Zustellung unter Kreuzband beträgt der Portozuschlag in Deutschland und Österreich-Ungarn 1,80 M., im Ausland 4 M. für das halbe Jahr.

1919. 25. Jahrgang.

Probenummer kostenlos.

Messung von Gasmengen.

Genaue Messung der durch eine Leitung strömenden Gas-(Luft-)Menge mittels Drossel-Meßscheibe (Staurand).

Von

Dr.-Ing. **Joachim Brandis.**

Mit 34 Abbild. und 26 Tafeln. Preis broschiert 2,90 M.

Praktische Anleitung zum Photometrieren.

Von

G. Schuchardt.

Mit 23 Abbildungen. Preis broschiert 2,90 M.

Mit 10 Prozent Teurungszuschlag.

M. Krayn, Verlagsbuchhandlung für techn. Literatur,
Berlin W 10, Genthiner Str. 39.

Deutscher Telegrammschlüssel f. die techn. Industrie
(Ingenieur-Code) von Ing. **Leo Galland**, Berlin. Ein hervorragendes Hilfsmittel für die deutsche technische Industrie im Kampf um den Welthandel. Von großer Bedeutung für die Organisation der Friedenswirtschaft. Zeit- u. Geldersparnis. Der wichtige Briefwechsel kann ohne große Mehrkosten telegraphisch erledigt werden. Jede Firma kann sich ohne weiteres ihren Geheim-Code schaffen. Mit ca. 400 Textfiguren. Gr. 4°. 868 Seiten Umfang. Preis geb. 120 M.

Die praktische Werkstattausbildung der Studierenden an Technischen Hochschulen unter besonderer Berücksichtigung der Diplom-Ingenieure. Ergebnisse einer vom Verband Deutscher Diplom-Ingenieure verfaßten Rundfrage, bearbeitet von Dipl.-Ingenieur **Ernst Werner**, Berlin. Mit einem kritischen Vorwort versehen von Prof. Dr.-Ing. **G. Schlesinger**, Berlin. Preis 3,45 M.

Werkzeugmaschine und Arbeitszerlegung Ein Versuch zur Ergänzung der nationalökonomischen Lehre von der Arbeitsvereinigung und Arbeitsteilung. Von Dr.-Ing. **Ludwig Brake.** Preis 2,90 M.

Technische Lehrbücher zum Selbstunterricht:

Elektrotechnik

Die Bedienung u. Wartung elektr. Anlagen u. Maschinen

Von **Joseph Spennrath,**
weil. Direktor der städt. gewerblichen Schulen und der königl. Baugewerkschule in Aachen.

Zweite, vollständig neu bearbeitete und bedeutend erweiterte Auflage von Dipl.-Ing. **Franz Menge.**

Erster Band: **Einführung in die Grundlagen der Elektrotechnik.** Mit 207 Abbildungen und 1 Tafel.

Zweiter Band: **Einführung in den Bau und die Wirkungsweise der Stromerzeuger.** Mit 210 Abbildungen.

Preis pro Band brosch. 3,20 M., beide Bände in einem Bande brosch. 6,35 M., kart. 8,35 M.

Mit 10 Prozent Teurungszuschlag.

M. Krayn, Verlagsbuchhandlung für techn. Literatur,
Berlin W 10, Genthiner Str. 39.

Temperaturmeßmethoden Handbuch zum Gebrauch bei praktischen Temperaturmessungen von **Bruno Thieme.** Technischer Physiker. Mit 35 Figuren im Text. Preis brosch. 4,60 M.

Physik Lehrbuch der technischen Physik. Für den Gebrauch an Technischen Mittelschulen und zum Selbstunterricht von Dipl.-Ing. **Paul Müller,** Oberlehrer an der Königlichen höheren Maschinenbauschule Aachen. I. Mechanik. Mit 144 Figuren. II. Wärmelehre. Mit 67 Figuren. III. Optik. Mit 130 Figuren und 1 Tafel. Preis pro Band geb. 2,90 M., Preis komplett I/III. geb. 7,50 M.

Bei Aufstellung von Lohn- und Akkord-Berechnungen, Kalkulationen, hat man enorme Zeitersparnis und die Sicherheit fehlerloser Berechnung mit Hilfe des

Rechenhilfsbuch

von

G. Schuchardt.

4. Auflage.

Jede Multiplikation mit ganzen Zahlen, Bruchteilen von $^1/_4$, $^1/_2$, $^3/_4$ kann ohne weiteres abgelesen werden.

In zahlreichen Betrieben eingeführt!

Preis geb. 6 M.

Für größere Betriebe unentbehrlich! Durch eine ganz neuartige, geschützte Registeranordnung vermittelt das Schuchardtsche Rechenhilfsbuch schnellste Auffindung der gewünschten Zahlen.

Mit 10 Prozent Teurungszuschlag.

Druck von Arthur Scholem, Berlin SW 19.

www.ingramcontent.com/pod-product-compliance
Lightning Source LLC
LaVergne TN
LVHW091733021026
849161LV00003BB/592
9783112661055